Band 22 · Juni 1986

6

isotopenpraxis

AKADEMIE-VERLAG BERLIN

ISSN 0021-1915 Isotopenpraxis, Berlin 22 (1986) 6, 193–224

ISOTOPENPRAXIS

begründet von J. Mühlenpfordt und C. F. Weiss

An unsere Autoren

Die Zeitschrift veröffentlicht Beiträge zu folgenden Themen: Kontrolle und Analyse radioaktiver und stabiler Isotope, Anwendung radioaktiver und stabiler Isotope in allen Gebieten der Forschung und Technik, der Industrie, Landwirtschaft und Medizin, Herstellung radioaktiver und stabiler Isotope sowie von markierten Verbindungen, kernelektronische Geräte für die Isotopenanwendung (Dickenmesser, Dichtemesser u. ä.) Detektoren für isotopentechnische Arbeiten und den Strahlenschutz in Isotopenlaboratorien, Meßtechnik und Strahlenschutz, Dosimetrie in Isotopenlaboratorien, kerntechnische Geräte für die Isotopenanwendung (Beton, Bestrahlungsanlagen u. ä.), Strahlenchemie, Radiochemie, ökonomische und perspektivische Fragen, Fragen der Weiterbildung.

1. Aufnahme von Manuskripten

Zur Veröffentlichung angenommen werden nur druckreife, noch nicht anderweitig publizierte Beiträge in deutscher, englischer oder russischer Sprache zum Themenbereich der Zeitschrift und zwar

Originalarbeiten
Kurze Mitteilungen
Aus der Praxis
Zusammenfassende Berichte
Tagungsberichte
Informationen.

Sind der Beitrag oder Teile daraus bereits veröffentlicht oder ist eine anderweitige Veröffentlichung vorgesehen, so muß dies der Redaktion mit genauer Angabe der Zweitveröffentlichung mitgeteilt werden. Mit der Annahme des Manuskriptes behält sich der Verlag das Recht der Vervielfältigung, Verbreitung und Übersetzung innerhalb der gesetzlichen Schutzfrist vor. Auszugsweiser Nachdruck oder photomechanische u. a. Wiedergabe sind an eine schriftliche Genehmigung des Verlages gebunden. Manuskripte, Zeichnungen und Photos von veröffentlichten Arbeiten werden nur auf den besonderen und bis zum Zeitpunkt der Veröffentlichung mitgeteilten Wunsch des Autors zurückgesandt.

Bei der unverlangten Einreichung von Manuskripten wird empfohlen, eine Befürwortung eines der Herausgeber oder Redaktionsausschußmitglieder beizufügen.

Manuskripte sind einzureichen bei der Redaktion, 1086 Berlin Leipziger Str. 3—4.

2. Form der Manuskripte

Die Autoren werden gebeten:

2 Manuskripte, eines davon in Original-Maschinenschrift, einseitig und mit 2zeiligem Abstand einzureichen; gut leserliche Photokopien sind zulässig; auf dem 1. Blatt (unter Weglassung der Bezeichnung)

den Titel der Arbeit
Vorname-Initialen und Namen sämtlicher Autoren
gegebenenfalls die Institution, in der sie tätig sind
eine kurze Zusammenfassung der Arbeit von höchstens 15 Zeilen
Keywords in alphabetischer Reihenfolge und
als Fußnote die Anschrift der Institution anzugeben;

wenn möglich, Zusammenfassung, Titel und Autoren *englisch* (bei deutschem oder russischen Manuskript) bzw. *deutsch* (bei englischem Manuskript) 2fach beizufügen;

Literaturhinweise (fortlaufend numeriert), Fußnoten, Tabellen, Abbildungen (in 2—3facher Veröffentlichungsgröße), Abbildungsunterschriften (getrennt von den Abbildungen und Zeichenerklärungen, Quellenangaben, falls erforderlich, und gegebenenfalls mit einem Vermerk für besondere Wünsche bezüglich der Abbildungsgröße), private und Dienstanschrift der Verfasser mit akademischen Titeln und ausgeschriebenen Vornamen auf besonderen Blättern ans Ende des Manuskriptes zu stellen;

Wünsche für den Kolumnentitel (Seitenüberschrift) bekanntzugeben;

Absätze durch Einzüge von mindestens 3 Anschlägen kenntlich zu machen; die Maßeinheiten des SI-Systems („Systeme International") zu verwenden;
Korrekturen im Manuskript unmittelbar an der zu korrigierenden Stelle anzubringen;

Formeln deutlich lesbar und möglichst groß einzutragen;

Farbabbildungen und nachträgliche Änderungen oder Ergänzungen in Abbildungen zu vermeiden;

hervorzuhebende Textstellen zu unterstreichen, und zwar halbfetten Satz mit einer geraden schwarzen Linie, kursiven Satz (Schrägschrift) mit einer blauen Wellenlinie (alle Eigennamen). Sperrungen gestrichelt;

besondere Buchstaben durch farbige Unterstreichung zu kennzeichnen, und zwar Formelzeichen in

Griechisch-Kursiv (α, β, ...) rot,
Kursiv (A, B, ...) blau
halbfetter Kursiv (**A, B, ...**) 2 Linien blau (Vektoren),
halbfetter Grotesk (**A, B, ...**) 2 Linien violett (Tensoren);

bei Literaturangaben auf Vollständigkeit zu achten. In nachstehender Reihenfolge müssen angegeben sein:

a) bei *Zeitschriften*: Vorname-Initialen und Namen sämtlicher Autoren, Titel der Zeitschrift (nach „Periodica Chimica" oder möglichst wenig gekürzt), Bandnummer (unterstrichen), Jahreszahl (in Klammern), Heftnummer (nur bei Zeitschriften, die jedes Heft mit S. 1 beginnen) sowie die Seitenzahl, auf der die zitierte Arbeit beginnt.

b) bei *Büchern*: Initialen der Vornamen und Name des Autors (Herausgeber werden durch den Zusatz „ed." gekennzeichnet), voll ausgeschriebener Titel des Buches in der Originalsprache, evtl. Bandnummer, voll ausgeschriebener Name des Verlages, Nummer der Auflage (außer der ersten), Erscheinungsort(e), Erscheinungsjahr (hier nicht in Klammern setzen!) und evtl. Kapitelnummer, Seitenzahl u. ä.

c) bei *Sammelbänden, Tagungsberichten*: Es soll zusätzlich der Titel des zitierten Beitrags angegeben werden. Die Seitenzahl muß unbedingt angegeben werden. Aus dem Zitat muß hervorgehen, ob es sich um einen Tagungssammelband oder um einen noch nicht veröffentlichten Vortrag handelt. Zwischen Tagungsort und Erscheinungsjahr des entsprechenden Tagungsberichts ist zu unterscheiden.

3. Korrekturen

Der Autor erhält zwei Umbruchsabzüge, von denen einer möglichst schnell korrigiert an die Redaktion zurückgereicht werden soll. Auf Wunsch des Autors kann die Korrektur auch von der Redaktion gelesen werden.

Durch nachträgliche Manuskriptänderungen verursachte Korrekturkosten gehen, sofern sie 10% der Satzkosten übersteigen, zu Lasten des Autors.

Der Autor erhält 50 Sonderdrucke kostenlos. Weitere Sonderdrucke können bis zur Rückgabe der Korrekturabzüge auf Kosten des Autors bei der Redaktion bestellt werden.

Bezugsmöglichkeiten

Bestellungen sind zu richten

— **in der DDR** an den Postzeitungsvertrieb unter Angabe der Kundennummer des Bestellenden oder an den AKADEMIE-VERLAG BERLIN, DDR-1086 Berlin, Leipziger Straße 3—4, PF-Nr. 1233;
— **im sozialistischen Ausland** an eine Buchhandlung für fremdsprachige Literatur oder an den zuständigen Postzeitungsvertrieb;
— **in der BRD und Berlin (West)** an eine Buchhandlung oder an die Auslieferungsstelle KUNST UND WISSEN, Erich Bieber OHG, Wilhelmstraße 4—6, D-7000 Stuttgart 1;
— **in den übrigen westeuropäischen Ländern** an eine Buchhandlung oder an die Auslieferungsstelle KUNST UND WISSEN, Erich Bieber GmbH, General Wille-Str. 4, CH-8002 Zürich;
— **im übrigen Ausland** an den Internationalen Buch- und Zeitschriftenhandel; den Buchexport Volkseigener Außenhandelsbetrieb der Deutschen Demokratischen Republik, DDR-7010 Leipzig, Postfach 160; oder an den AKADEMIE-VERLAG BERLIN, DDR-1086 Berlin. Leipziger Straße 3—4.

Zeitschrift „Isotopenpraxis"

Herausgeber: Zentralinstitut für Isotopen- und Strahlenforschung der Akademie der Wissenschaften der DDR.
Verlag: Akademie-Verlag Berlin, DDR-1086 Berlin, Leipziger Straße 3—4, PF-Nr. 1233; Fernruf: 223621 oder 2230229; Telex-Nr.: 114420;
Bank: Staatsbank der DDR, Berlin, Kto.-Nr.: 6836-26-20712.
Chefredakteur: Prof. Dr. H. Hübner, Leipzig.
Anschrift der Redaktion der Zeitschrift Isotopenpraxis: Prof. Hübner, DDR-7010 Leipzig, Karl-Marx-Platz, Hauptpostamt, PSF 370; Fernruf: 281018.
Veröffentlicht unter der Lizenznummer 1527 des Presseamtes beim Vorsitzenden des Ministerrates der Deutschen Demokratischen Republik.
Gesamtherstellung: VEB Druckerei „Thomas Müntzer", DDR-5820 Bad Langensalza.
Erscheinungsweise: Die Zeitschrift „Isotopenpraxis" erscheint monatlich. Die 12 Hefte einer Jahrganges bilden einen Band. Bezugspreis je Band 240,— DM zuzüglich Versandspesen; Preis je Heft 20,— DM. Der gültige Jahresbezugspreis für die DDR ist der Postzeitungsliste zu entnehmen.
Bestellnummer dieses Heftes: 1079/22/6.

AN (EDV) 12831
00900

Isotopenpraxis 22 (1986) 6, S. 193 bis 197

A Needle Gas Counter for Measurements of Low Beta Radioactivity Solid Emitters, First Measurements

A. Zastawny, B. Rabsztyn

(Silesian Technical University, Institute of Physics, Gliwice, Poland)[1])

The counter stand is described. As main counter, a gas needle counter, working in conditions of deep reduced proportionality is used. The counter characteristics and experimental as well as theoretical results of the gas amplification analysis are given. The detection efficiency is equal to 100 per cent in the case of samples 10 mm in diameter, and reaches 85 per cent in the case of maximum samples with a diameter of 16 mm. The background is about to 0·04 cpm. As preliminary measurements, the radioactivity of lead, the changes of this radioactivity, the nonstimulated electron exoemission of the metallic surfaces in darkness and measurements of the ^{87}Rb half-life are reported.

Es wird eine Zählermeßeinrichtung beschrieben, deren Hauptteil ein Gasentladungsspitzenzähler bildet, der im Bereich einer stark reduzierten Proportionalität arbeitet. Es werden die Zählercharakteristik, die experimentellen und die theoretischen Ergebnisse bei der Gasverstärkungsanalyse mitgeteilt. Die Zählausbeute beträgt für Proben mit einem Durchmesser von 10 mm 100% und erniedrigt sich auf 80% bei Proben mit Durchmesser von 16 mm. Die Untergrundstrahlung beträgt etwa 0,04 cpm. Die ersten Messungen mit der neuen Zähleinrichtung wurden am Blei, an nichtstimulierten Exoemissionen von Elektronen aus Metalloberflächen und zur Bestimmung der Halbwertszeit von ^{87}Rb ausgeführt.

Keywords

beta detection; low level counters; low level counting; measuring instruments; radiation detectors; rubidium 87

1. Introduction

Three groups of problems can be mentioned connected with the detection of low beta radioactivity of solid emitters. There are measurements of the radioactive purity of materials for the construction of detectors with a low background, the investigation of detectors with a low background, the investigations of the beta radioactivity induced by cosmic rays and the investigations of long-lived beta emitters.

If beta particles are accompanied by gamma radiation, the registration of the gamma quantum by detectors with a suitable peak resolution can be used. Applying additionally circuits of time discrimination, a number of sensitive detectors arrangements for measurements of chosen radioisotopes were constructed.

In the case of the single electron emitters the problem is more difficult. In addition to a low background, the detector should be sensitive to detection of electrons with low energy because of the continuous spectrum of the beta particles. For precise and absolute measurements the detection yield is an important parameter. It is most advantageous when it is equal to 100 per cent or easily approximated to this value, because only in such cases the accurate value can be defined. These requirements can not be met particularly by semiconductor detectors because the finite thickness of the surface layer although these detectors dominate in the techniques of the ionization radiation detection due to other high parameters.

The idea of the needle gas detector has been taken from [1–2] but the constructional solution and other elements contributing to the characteristics of the detector are different.

[1]) Address: 44-100 Gliwice, Krzywoustego 2, Poland

2. The detector and measurement assembly

A view of the detector is shown in Fig. 1. Into the cylindrical frame made from epoxy resin a copper sleeve is inserted which is a part of the cathode, as well as a copper ring serving as a guard electrode that protects the anode needle. A high negative voltage is applied to the cathode. The sample is a metallic disk closing the active volume of the detector at the top and acting as the second element of the cathode. The counter is closed by a cover of epoxy resin. The anode is a steel needle fixed in the insulator which is screwed into the guard ring. The seals of the cover and needle insulator are made of plastic, other seals are resin joints. The change of the sample or needle is simple and easy.

The working gas is commercial propan-butan at a pressure of up to 300 Pa greater than the atmospheric pressure, flowing with a rate of about 0·25 cm³/min. The gas lets

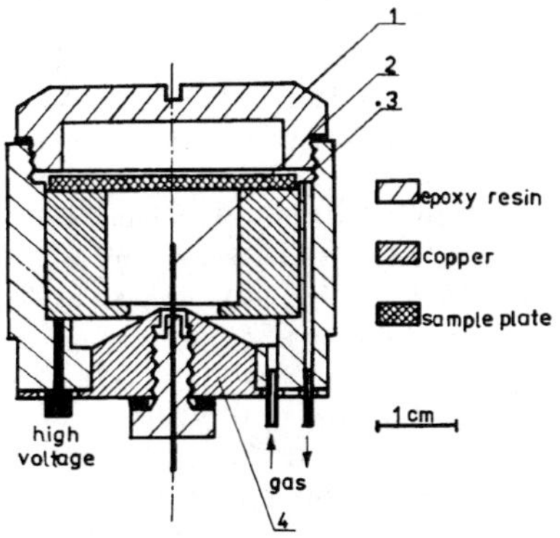

Fig. 1. Cross section of a detector

1 – cover; 2 – anode needle; 3 – cathode sleeve; 4 – guard ring

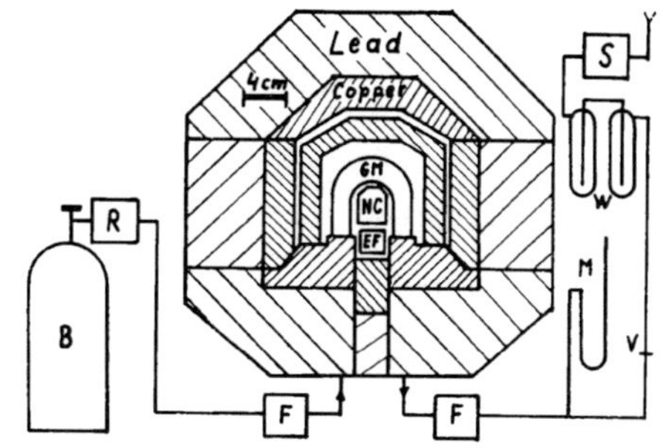

Fig. 2. Diagram of the measuring assembly
NC — needle counter; GM — guard counter; EF — emitter follower; B — gas cylinder with propan-butan; R — pressure regulator; F — dust filter; M — manometer; V — controller of the gas flow; W — flow indicator; S — container for sample storing

into active volume near the guard ring, goes out by leakes between cathode disk and sleeve, rinses the volume above the disk and is let off by a discharge channel.

The scheme of the assembly is shown in Fig. 2. The needle counter is placed in a cavity of the Philips 18518 GM counter used as an anticoincidence shield. The material shield consists of copper 5 cm thick and lead from 6·5 to 15 cm thick (in Fig. 2 only a part of the lead shield is shown).

The electronic diagram is shown in Fig. 3. The pulses of the needle counter, occurring at the level of 1 mV, are registered in coincidence with the pulses of the GM counter as a muon component of cosmic rays, and in anticoincidence with pulses of the guard counter and interference pulses as pulses of the measured sample.

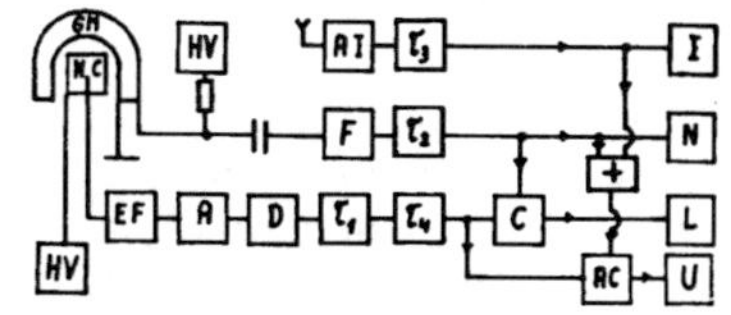

Fig. 3. Electronics diagram
HV — high voltage supply; F — pulse forming circuit; τ — gate; A, AI — amplifiers; D — pulse discriminator; C — coincidence circuit, AC — anticoincidence circuit; I, N, L, U — pulse registration respectively: electromagnetic interference, guard counter, cosmic component in the counter, nett pulse in the counter; τ_1 = 95 ms, τ_2 = 3 ms, τ_4 = 20 µs, and 20 µs delay, τ_3 = 2 ms

3. Testing measurements and working conditions

Testing measurements were taken at different values of the geometrical parameters of the counter, as shown in Fig. 4, but results are presented only for values considered to be approximately optimal, given in the description of Fig. 4. The measurements indicated that the best results are obtained if $d \geqq r_k$, $l \geqq 3/4 r_k$ and the needle has a spherical tip. Then the detection efficiency at suitable counter voltage is limited in substance only by the geometrical effect. Measurements of the detection efficiency were made by means of the ^{14}C source dimension of 0·24 mm × 0·4 mm emitting almost 18 particles per minute, sliding on the sample surface. The counting rate versus the distance x of the ^{14}C source from the center of the sample surface has been presented in Fig. 5. The results from Fig. 5 show that the detection efficiency of samples up to 10 mm in diameter is equal to 100 per cent. The count rate versus the counter voltage for ^{14}C source placed in the center is represented in Fig. 6. The background counting rate B, measured for a copper sample and the muon component L versus the counter voltage is represented in Fig. 7.

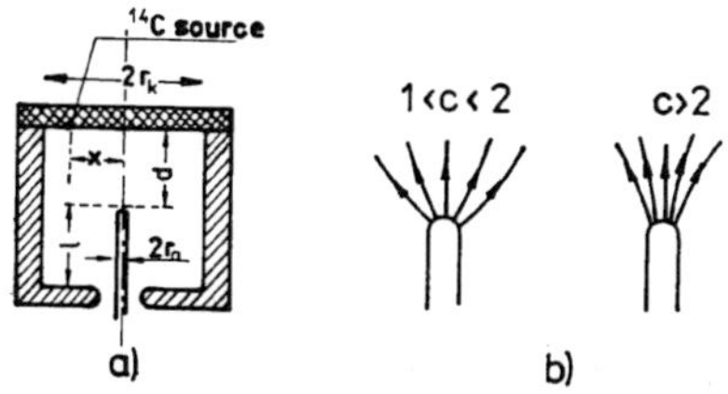

Fig. 4. a) Geometrical parameters of the detector
For routine measurements were chosen $2r_k$ = 16 mm, $2r_a$ = 0·25 mm, d = 8 mm, l = 8 mm
b) Supposed geometry of the electrical field lines near the needle tip

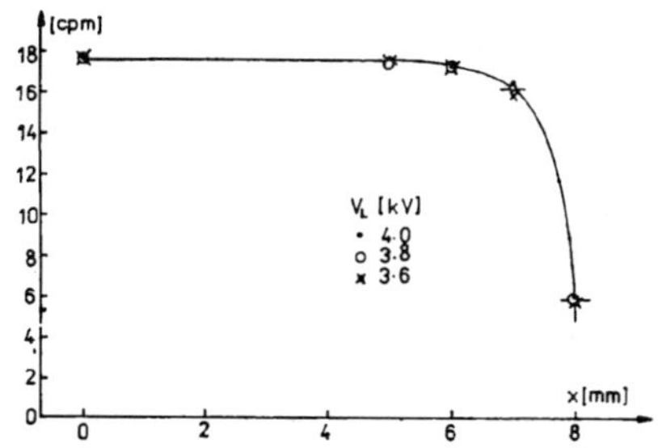

Fig. 5. Dependence of the counting rate on the distance x of the ^{14}C point source from the center of the sample surface for different values of the counter voltage V_L

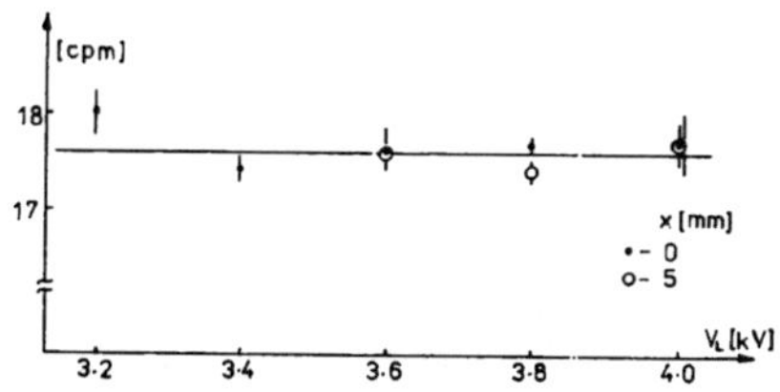

Fig. 6. Counting rate versus counter voltage for ^{14}C point source placed in the center and in distance 5 mm

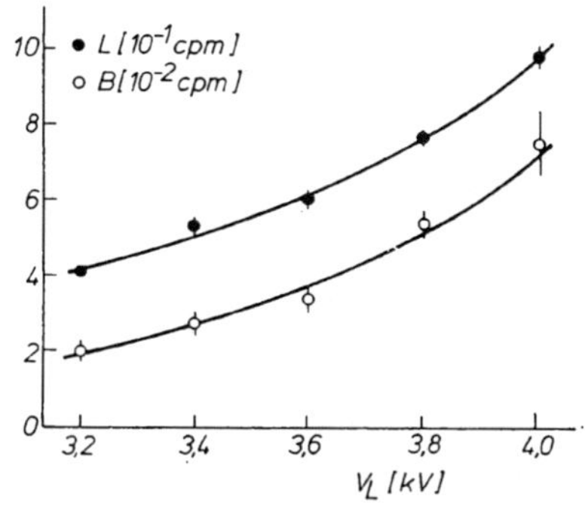

Fig. 7. Background counting rate B and muon component L of the needle counter versus the counter voltage

Fig. 8 shows the results of measurements of the gas multiplication coefficient (GMC) M. The experimental values of the GMC were obtained from: (i) — pulse spectrum measurements of the manganese and aluminium K lines initiated by ^{55}Fe irradiation passing through thin aluminium foil, (ii) — accepted values of the ionization work —26 eV and the counter input capacity —10 pF. Considering the imperfection of the needle tip profile and heterogeneity of the GMC resulting from the electric field geometry, it may be expected that the detector has not a good spectral resolution and indeed this is the case — the registered K lines have the shape of a wide asymmetric maximum with a relative width at half maximum equal

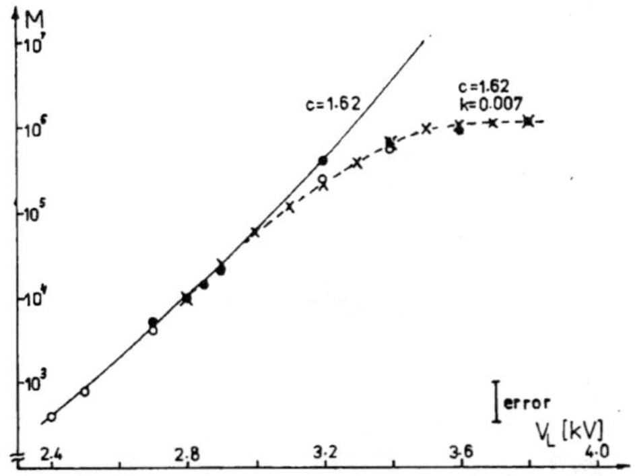

Fig. 8. Results of measurements and theoretical calculation of the GMC versus the counter voltage for a needle with diameter of 0·25 mm and a spherical tip

The full points correspond to measurements of the K line of aluminium, the others – the K line of manganese. Smooth line – theoretical calculation resulting from equation (2) or (4). The small cross approximated by broken line – numerical calculation according to equation (2), taking into account the effect of the local charge according to equation (5) for primary ionization charge of the K (Al) fotons. The estimated error of the experimental points is shown in the diagram.

to about to 70 per cent, but K lines were easily distinguished in all the counter voltage range.

Some theoretical calculation concerning the GMC can be predicted. We may assume that the electrical field intensity E near the needle tip varies with the distance r from the curvature center of the tip surface as $1/r^c$, where c is constant. For a strictly spherical geometry $c = 2$. In our case c is rather different from 2 and from the two possibilities shown in Fig. 4b rather $1 < c < 2$ holds true. Assuming additional that the assumed dependence holds true in the whole region from the needle tip to the cathode, and assuming that $r_k^{c-1} \gg r_a^{c-1}$ we have

$$E(r) = (c - 1)\, r_a^{c-1} \frac{V_L}{r^c} \quad \text{and} \quad E(r_a) = (c - 1) \frac{V_L}{r_a} \tag{1}$$

where V_L is the counter voltage. Adopting the known dependences concerning the avalanche multiplication of the electrons in a cylindrical proportional counter [3, 4] to the geometry corresponding to formula (1) we obtain for the multiplication factor M of the primary electrons

$$\ln M = -\int_{r_i}^{r_a} \alpha \cdot \mathrm{d}r = \frac{p r_a}{c} S_a^{1/c} \int_{S_i}^{S_a} \frac{\alpha}{p} \frac{\mathrm{d}S}{S^{(1+1/c)}} \tag{2}$$

In equation (2) α is the first *Townsend* ionization coefficient, r_i is the distance at which avalanche ionization starts, p – the gas pressure reduced to 0 °C (in our case equal to about 95 kPa), $S = E/p$ is the reduced intensity of the electrical field, S_a and S_i are the reduced field intensities corresponding to r_a and r_i.

Taking the useful approximation [3, 4] of α/p in the expression

$$\alpha/p = B(S - S_0) \tag{3}$$

we obtain

$$\ln M = V_L \cdot B\left[1 - c\left(\frac{S_0}{S_a}\right)^{(1-1/c)} + (c-1)\frac{S_0}{S_a}\right] \tag{4}$$

Heylena [5] data of α/p for propan and butan may be used for the numerical evaluation of the integral in equation [2] or the calculation of the parameters B and S_0 in equation [3]. Really the percentage of propan-butan gas is not known but the values of α/p of both gases little differ from each other and the calculation of GMC has only approximate character. The results of such theoretical calculations are shown in Fig. 8. The numerical values of the parameter c are not critical in the range up to $\pm 0{\cdot}01$.

In the region in which the sequence of the experimental points deviates from the theoretical smooth line and the GMC increases slower and slower with the counter voltage, the quotient of the amplitudes Mn and Al peaks is lower than the quotient of the respectives energies of the K lines. All that indicates that we have to do with a reduced proportionality caused by the effect of the local charge in the avalanche. Approximate calculations of this effect can be accomplished by taking into account three facts: (i) – the lines of the electrical field strongly focus the avalanche charge near the needle tip, (ii) – during the avalanche ionization the created positive ions have no time to displace, (iii) – $1/\alpha$ is the mean distance covered by the electron in the direction of the electrical lines to successive ionization. Therefore the electrical field of the positive ions decreasing the counter field may be approximated by means of the *Coulomb* model as follows

$$S_{\text{ef}}(r) = S(r) - \frac{k \cdot Q_0 \cdot M(r) \cdot \alpha^2(r)}{4\pi\varepsilon_0 p} \tag{5}$$

S_{ef} is the reduced effective electric foce, Q_0M the charge of the positive ions, Q_0 – charge of primary ionization, M – actual GMC at r, α – the actual first *Townsend* ionization coeffizient at r. k is a nondimensional constant, $0 < k < 1$ considering the fact that only a part of the total positive ion charge is at the front of the ionization avalanche. Results of the numerical calculation, taking into account equation (5) are shown in Fig. 8, for $Q_0 = 86 \cdot 10^{-19}$ C, corresponding to the primary ionization charge of K(Al) fotons. The numerical value of the parameter k is not critical in the range up to $\pm 0{\cdot}002$. As may be seen the method of calculating the effect of a local charge by means of equation (5) is very successful, this enables to represent more particular calculation given in Fig. 9.

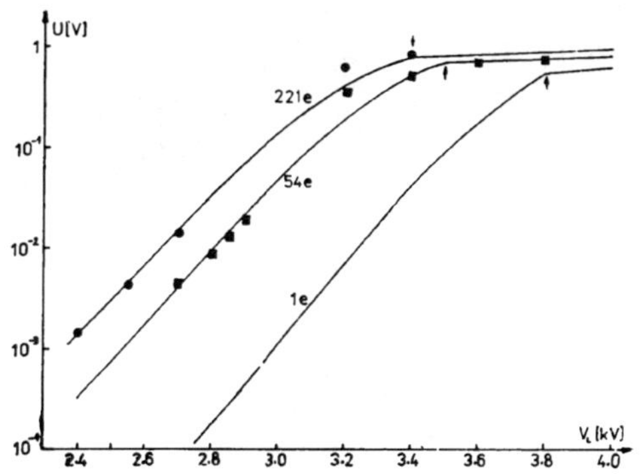

Fig. 9. Experimental results and theoretical calculation – smooth line (according to equation (2) and (5)) of the dependence of the pulse amplitude on the counter voltage for different values of the primary ionization charge (in electrons)

The pulse amplitude was calculated for input capacity equal to 10 pF, the experimental points are the same as in Fig. 8. The arrows indicate the beginning of the conditions when avalanche ionization is cut off altogether before reaching the anode surface. For instance if $Q_0 = 54$ e and $V_L = 3800$ V, the avalanche ionization is cut off at distance $r = 0{\cdot}132$ mm, whereas $r_a = 0{\cdot}125$ mm.

4. First measurements

The results of radioactivity measurements of lead used as shielding material in ^{14}C Laboratory in Gliwice are presented in Tab. 1. After rescraping fresh lead of sample No. 25 displays a lower radioactivity $A(t)$, which increases with time to a set value of $A = 2{\cdot}6$ cpm/cm^2. The results presented in Fig. 10 suggest that radioactivity increases according to the exponential dependence

$$A(t) = A - \Delta A\, e^{-t/\tau} \tag{6}$$

where $\Delta A = 1{\cdot}2$ cpm/cm^2 and $\tau = 33{\cdot}5$ days. Supposedly it is affected by one or more radioactive decay products of the radioactive parents contaminating the lead. These products must be bound on the surface when they diffuse and therefore the density of these radioactive elements on the surface is greater than inside the material in the stationary state. *Wójcicki* [6] stated such a radioactivity of young lead, that the surface was rescraped before the measurements, and that later the results of measurements carried out after 40 days were higher than those obtained from the first measurement. The increment of radioactivity *Wójcicki* ascribes to alpha radioactivity of the ^{210}Po isotope.

It was found, that the copper surface rubbed with abrasive paper or even only with cellucotton shows an excited activity that appears in additional counting rate decreasing with time. Fig. 11 shows the dependence of the excited counting rates on time in the case of copper rubbed with abrasive paper or cellucotton. In both cases the counting rate decreases with time according to the power dependence with its exponent equal to $-1{\cdot}25$. The behaviour of lead is similar, but there is also another component of the power dependence with its exponent equal to $-0{\cdot}65$ occurs. The measurements were performed in room temperature. The excited activity disappear when the sample was kept for a few minutes in a temperature of 100 °C – 150 °C. Supposedly the described effect is caused by the emission of single electrons trapped in states of low work function in crystal defects on the metal surface. This effect can be classified as belonging to exoemission effects [7].

Tab. 1. The measured radioactivity A of lead used as shielding material in ^{14}C Laboratory, Gliwice

Sample No.	Description	A, cpm/cm^2
Pb 3	Old sewage pipe	0·03 ± 0·01
Pb 8	Pige (1960)	0·77 ± 0·03
Pb 9	Shield of the counter L1 (1950)	0·61 ± 0·01
Pb 25	Shaped lead – Polon (1982)	2·6 ± 0·08

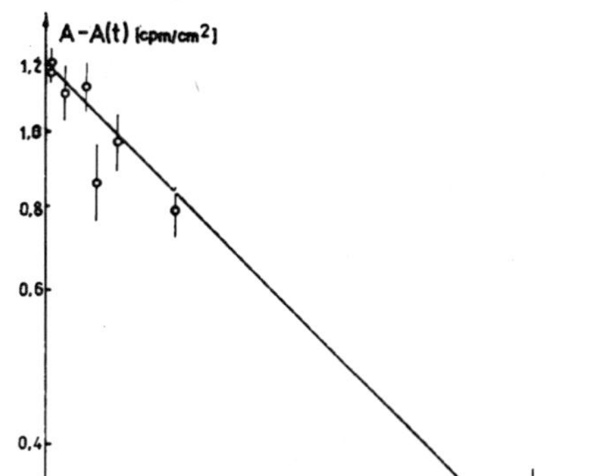

Fig. 10. Diagram of the semilogarithmic scale of $A - A(t)$ as a function of time, for a sample of fresh lead

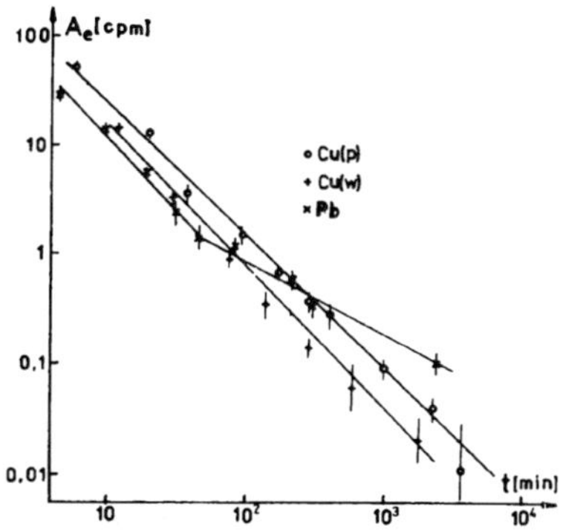

Fig. 11. Time dependence of the excited count rate after different mechanical treatments of copper and lead samples

Cu (p) – copper rubbed with abrasive paper No. 220; Cu(w) – copper rubbed with cellucotton; Pb – lead scraped with a knife

In order to test a detector, measurements of the ^{87}Rb half-life were taken. $RbNO_3$ produced by Merck was used to prepare the samples. The samples were prepared by evaporation of $RbNO_3$ water solution on an aluminium foil of 2·9 mg/cm^2. The background of the aluminium foil was equal to $0{\cdot}117 \pm 0{\cdot}007$ cpm. In other measurements the back-scattering effect of ^{97}Rb beta rays on the aluminium foil was determined to be equal to 4%. The more important data of the samples and results of measurements are given in Tab. 2. The half-life time was derived from the formula

$$T_{1/2} = \frac{\ln 2}{2} \frac{p \cdot A}{M_{\text{mol}}} \left(\frac{A}{m}\right)^{-1} \tag{7}$$

where: p – ^{87}Rb isotopic fraction in natural rubidium, N – *Avogadro* constant, M_{mol} – $RbNO_3$ mole mass, factor 2 results from geometry 2π of the measurements. The measured half-life times versus the surface density of the samples are shown in Fig. 12. The extrapolated value, corrected for the chemical purity of the compound

Tab. 2. Sample data and results in ^{87}Rb half-life time measurements

k 10^{-6}	M mg (±0,1)	S mm^2 (±2)	$\varrho = m/S = kM/S$ µg/cm^2	A cpm	A/m cpm/mg
480·85 ± 0·3	109·80	96·2	61·2 ± 1·5	0·829 ± 0·02	4·78 ± 0·11
407·11 ± 0·2	84·52	50·3	68·5 ± 3	0·515 ± 0·015	5·01 ± 0·15
407·11 ± 0·2	159·54	77·0	84·3 ± 2·2	0·952 ± 0·02	5·12 ± 0·11
893·51 ± 0·5	89·95	82·7	97·2 ± 1·4	1·187 ± 0·02	5·09 ± 0·08
1695·8 ± 1	132·43	86·7	259·0 ± 6	3·176 ± 0·05	5·31 ± 0·08
3286·4 ± 1·8	83·11	84·7	322·5 ± 8	3·757 ± 0·03	5·46 ± 0·04

k – concentration of the solution; M – weight of a drop of the solution put on the foil; S – area of the drop; ϱ – surface density of the sample; m – mass of $RbNO_3$; A – measured activity corrected on the back-scattering effect and the electronics dead time; A/m – specific activity

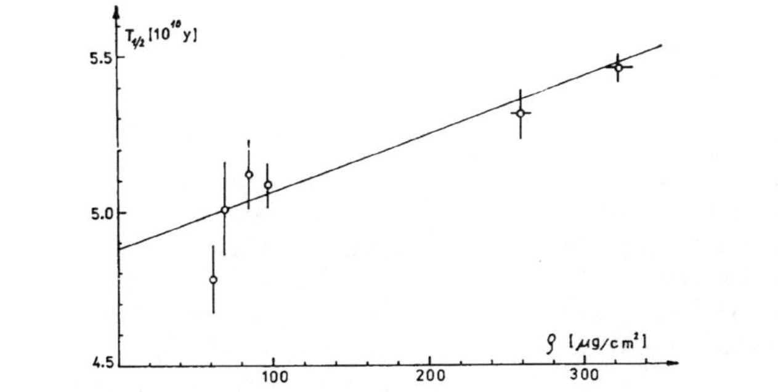

Fig. 12. Measured values of the ^{87}Rb half-life time versus the surface density ϱ of the ^{87}Rb samples

Results are not corrected for the chemical purity of the compound.

(declared by the manufacturer) is equal to $(4.86 \pm 0.1) \times 10^{10}$ y. This value is in good agreement with the commonly accepted value $4.88 \cdot 10^{10}$ y and last measurements [8, 9].

Received July 10, 1985

References

[1] *Y. Fujita, T. Taguchi* et al., Nucl. Instrum. Methods **128** (1975) 523

[2] *Y. Fujita, T. Taguchi* et al., Proc. Int. Conf. Low-Radioactivity Measurements and Application 1975, Comenius University, Bratislava 1977, 45–49

[3] *A. Zastawny*, J. Sci. Instrum. **43** (1966) 179

[4] *M. W. Charles*, J. Phys. E, **5** (1972) 95

[5] *A. E. D. Heylen*, Intern. J. Electronics **39** (1975) 653

[6] *M. Wójcicki*, Nucl. Instrum. Meth. **189** (1981) 645

[7] *J. B. Robertson*, Intern. J. Electronics **51** (1981) 617

[8] *W. Neman, E. Huster*, Z. Phys. **270** (1974) 121

[9] *D. W. Davis, J. Gray* et al., Geochim. Cosmochim. Acta **41** (1977) 1745.

Isotopenpraxis 22 (1986) 6, S. 197 bis 202

Лазерный масс-спектрометрический анализ в твердых веществах

Х.-И. Дитце, С. Беккер, К. Ветцель

(Центральный институт изотопных и радиационных исследований АН ГДР, Лейпциг)[1])

А. М. Родин, Д. Д. Богданов, Г. М. Тер-Акопьян, Г. Н. Флеров

(Лаборатория ядерных реакций, Объединенный институт ядерных исследований, Дубна)

Исследовалась возможность использования лазерного источника ионов на основе высокочастотного лазера ЛТИ501 для ультрачувствительной масс-спектрометрии. Была выбрана оптимальная ионно-оптическая система извлечения и формирования пучка, позволившая в 30 раз повысить коэффициент использования вещества пробы и увеличить разрешение масс-спектрометра до 10000. Произведен анализ масс-спектрометрических стандартов и определены коэффициенты относительной чувствительности для широкого набора химических элементов. Изучено образование молекулярных ионов в лазерном источнике.

A Nd-YAG laser with a high repetition rate was used as a source of ion production for the analysis of solid materials by a double focusing mass spectrometer. The ideal laser ion source for materials analysis is an ion source with a laser operated in Q-switched mode. The analytical qualities of the laser mass spectrographic system are discussed. Results of analysis are given for conducting and geological materials. The formation of molecular ions in laser plasma was investigated.

Keywords

ion sources; laser-produced plasma; laser radiation; laser-radiation heating; mass spectra; mass spectrometers; molecular ions; trace amounts

Главным направлением методического развития масс-спектрометрии последних лет является увеличение чувствительности анализов. При этом были усовершентвованы новые системы разделения ионов (например МС/МС-системы), а также методы получения и регистрации ионных пучков. Большое значение для развития ультрачувствительной масс-спектрометрии имеют лазерные источники ионов, с помощью которых можно получасть высокую степень ионизации ($\alpha \approx 1$) всех химических элементов в образце. Для применения этих ионных источников в ультрачувствительной масс-спектрометрии необходимы исследования по оптимизации ионно-оптических систем создания и разделения ионных пучков, а также изучение процессов образования атомных и молекулярных ионов в плазме высокой температуры (лазерная и искровая плазма). Таким исследованиям посвящен ряд работ, выполненных в результате сотрудничества между Центральным институтом изотопных и радиационных исследований АН ГДР и Лабораторией ядерных реакций ОИЯИ по созданию ультрачувствительного масс-спектрометра ЛИДИА [1—3].

Целью данной работы является разработка оптимальной масс-спектрометрической ионно-оптической системы для лазерного источника ионов и изучение лазерной ионизации химических элементов и неограничеких молекул.

Лазерные источники ионов имеют очень широкую область применения. Подробное сопоставление всех до сих пор известных случаев использования таких источников может быть вято из обзоров *Conzemius* и *Capellen* [4]. Можно выделить следующие применения лазерных источников ионов:

[1]) Anschrift: DDR-7050 Leipzig, Permoserstr. 15

Схема 1. Области применения LIMS

области применения

- Элементный анализ
  - Обзорный анализ всех элементов периодической системы в области концентрации от 100% до 10^{-7} %.
- Изотопный анализ
  - Определение изотопных отнощений
    - Селективный анализ избранных элементов
- (Элементный анализ + Изотопный анализ) → анализ з помощью выделенных изотопов
- Локальный анализ
  - Определение элементных и изотопных распределений с точностью по: ширине $\geqq$ 10 мкм и глубине $\geqq$ 1 мкм
- Диагностика плазмы
  - Исследования по:
    — взаимодействию лазерного излучения с твердым веществом;
    — изучению механизмов ионизации;
    — изучению относительных выходов атомных и молекулярных ионов

1. *Исследования неограничеcких материалов*

   Исследования с помощью лазерно-ионизиционной масс-спектрометрии ((LIMS – laser ionization mass spectrometry)) и лазерной испарительной масс-спектрометрии ((LEMS – laser evaporation mass spectrometry), позволяют в частности определять термодинамические величины в материалах твердое вещество — газовая фаза, производить анализ следов, локальный и изотопный анализы.
2. *Применение в геологии*

   Здесь можно выделить анализ следов элементов и изотопный анализ газов в геологических материалах (например H_2, He, Ne, Ar, CO_2, N_2 и т. д.), использование изотопного анализа для геохронологии.
3. *Применение в биологических исследованиях*

   Определение следов элементов в биологических пробах вещества (например в клетках, костях), использование в токсикологии.
4. *Пиролизная масс-спектрометрия*

   Индуцированный лазером пиролиз и индуцированные химические реакции, структурный анализ органических соединений.

Для каждой из названных областей применения можно использовать различные методы ионизации. Во многих случаях особенности лазерных источников могут быть использованы с максимальной эффективностью. Главное преимущество лазерных источников заключается в их широкой применимости, в особенности когда для испарения и ионизации требуется высокая температура. Еще одним преимуществом является то, что благодаря применению лазерного излучения часто отпадает необходимость физической и химической подготовки проб, что особенно важно при анализе малых количеств вещества.

Путем изменения плотности мощности лазерного излучения в области взаимодействия фотонов в образцом можно получить ряд преимуществ для масс-спектрометрии (см. [1]). В лазерной масс-спектрометрии используются в основном следующие типы ионизации:

— фотонно-газовое взаимодействие — использование фотонной ионизации в области фотонов UV-диапазона, или многоступенчатая фотонная ионизация (резонансная ионизация);
— взаимодействие фотонов с твердым телом при плотности мощности $< 10^8$ Вт/см², причем часть сфокусированного фотонного излучения испаряет твердое тело и расширяющийся нейтральный пар ионизируется электронным ударом или путем резонансной ионизации;
— всаймодействи фотонов с твердым телом при плотности мощности $> 10^8$ Вт/см² приводит к испарению и ионизации вещества в высокотемпературной плазме.

Использование различных методов ионизации дополнительно расширяет возможности применения лазерных масс-спектроскопических методов. Сопоставление важнейщих применений можно увидеть на схеме 1.

Наряду с возможностью определения концентраций элементов в широком интервале (от 100% до единиц 10^{-9} г/г) для всех элементов периодической системы с приблизительно одинаковой чувствительностью в матрицах с различными физическими свойствами (например электропроводностью, температурой испарения и т. д.) и малым количеством пробы, аналитические возможности позволяют проведение изотопных анализов в микрообластях твердых тел с размерами в несколько микрон. Из этого вытекает богатство интересных возможностей применения (изотопная геология, исследование материалов, эксперименты с выделенными изотопами и т. д.).

Экспериментальная аппаратура

В 1983 году в ЦИИРИ была создана лазерная масс-спектрометрическая установка, состоящая из масс-спектрометра с двойной фокусировкой МХ3301 и ионного источника на основе высокочастотного лазера ЛТИ501 [5]. Схема лазерного источника ионов изображена на рис. 1. Источник состоит из лазерно-оп-

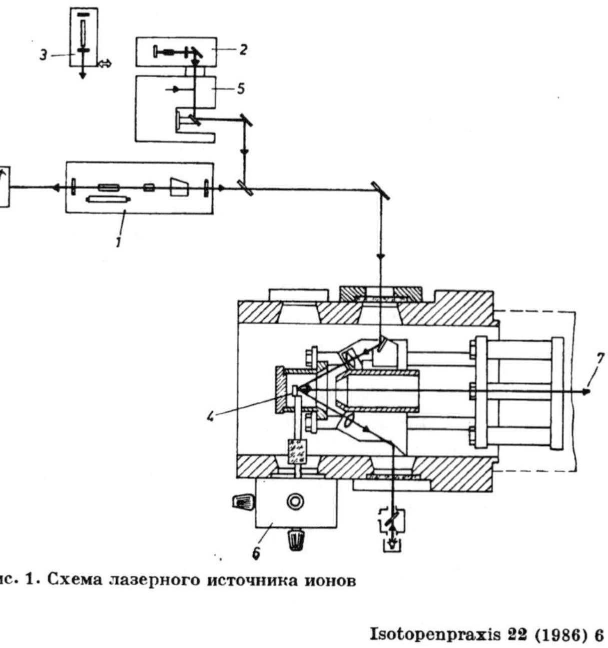

Рис. 1. Схема лазерного источника ионов

Табл. 1. Параметры лазерного масс-спектрометра

Лазеры	Масс-спектрометр MX3301	
– рубиновый лазер (LMA1): режим свободной генерации; мощность 6 КВт; максимальная частота импульсов 3 мин$^{-1}$; длительность импулсов 300 μс; длина волны 694 нм; акусто-оптическая модуляция добротности: мощность 3 МВт; максимальная частота импульсов 2 мин$^{-1}$; длительность импульсов 70 нс	Ускоряющее напряжение	18 кВ
	Главная щель	10 μм
	электростатический анализатор	радиус 500 мм угол 31,8 °
	Магнитный анализатор	радиус 66 – 600 мм угрол 90°
– Nd-стеклянный лазер (LMA1): Мощность 3 КВт: максимальная частота импульсов 3 мин$^{-1}$; длительность импулсов 300 μс; длина волны 1060 нм	детектор ионов	Ilford-Q2 или ORWO-UV2 фотопластинки
– Nd-YAG-лазер (ЛТИ501): в режиме акустооптической модуляции добротности: средняя мощность 8 Вт (для 30 кГц); частота импулвсов: 5 – 50 кГц; длительность импульсов 100 нс; длиная волна 1060 нм	вакуум	ионный источник: $10^{-4} \cdot 10^{-5}$ Па анализатор: 10^{-6} Па
	разрешающая способность	~ 10000
– He-Ne-лазер: мощность 1 мВт.	диапазон экспозиции	$10^{-14} - 5 \cdot 10^{-8}$ А · с

тической и ионно-оптической частей. В установке используется три типа лазеров:

(1) — основной, Nd-YAG лазер ЛТИ501 для ионизации вещества пробы; (2) — рубиновый, или Nd-стеклянный лазер (LMA1 или LMA1O) также для ионизации анализируемой пробы, но в режиме одиночных импульсов излучения; (3) — He-Ne лазер для юстировки луча основного лазера.

Излучение лазеров (1) или (2) фокусируется с помощью зеркал и линз на поверхность мишени (4). С помощью LMA-микроскопа (5) можно наблюдать за поверхностью мишени. Часть лазерного луча используется для измерения мощности излучения. Манипулятор (6), связанный с мишенью, позволяет вручную или автоматически перемещать анализируемый образец по трем координатам и, тем самым, сканировать поверхность образца лазерным лучом. Атомные и молекулярные ионы, возникающие в лазерной плазме, проходят через ионно-оптическую систему (7) с ускоряющим напряжением 18 кВ, а затем электростатический и магнитный анализаторы масс-спектрометра. Регистрация ионов в фокальной плоскости масс-спектрометра производятся с помощью ионно-чувствительной фотопластинки, что позволяет одновременно измерять массовый спектр всех химических элементов периодической системы Менделеева. В табл. 1 приведены параметры используемых в установке лазеров и масс-спектрометра.

Исследования в этой работе проводились с помощью твердотельного (алюмоиттриевый гранат) оптилеского квантового генератора ЛТИ501 с длиной волны 1064 нм. Лазер работает в режиме акустооптической модуляции добротности с частотой управляющих импульсов от 5 до 50 кГц при их длительности 100 нс. Высокая разрешающая способность масс-спектрометра (≈ 10000) позволяет лего идентифицировать различные элементы по линиям изотопов.

Результаты и обсуждения

В данной работе были проведены следующие исследования: была произведена оптимизация ионно-оптической системы извлечения и формирования пучка ионов, что позволило повысить коэффициент использования вещества анализируемой пробы и увеличить разрешение масс-спектрометра; с использованием в источнике ионов высокочастотного лазера были проведены анализи тантала и геологического (базальт)

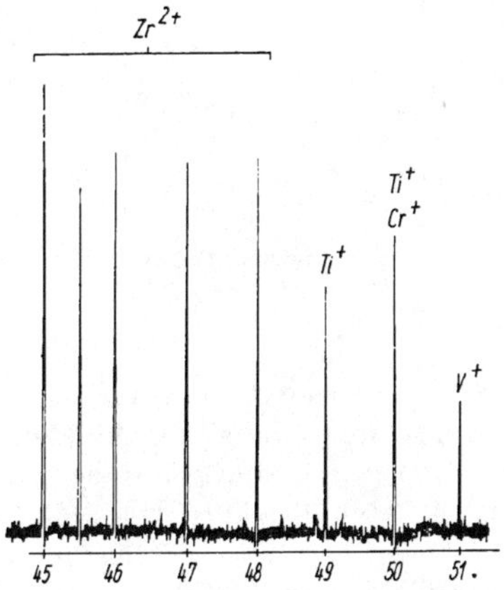

Рис. 2. Участок массового спектра двух зарядных ионов циркония

ZGI-BM стандарта и определены коэффициенты относительной чувствительности для широкого набора элементов; было исследовано образование в лазерном источнике молекулярных ионов.

На рис. 2 изображена часть спектра, полученная при анализе циркония в области массовых чисел от 45 до 51. На рисунке хорошо видны линии двухзарядных атомных ионов циркония. Высокое качество представленных массовых спектров можно объяснить особенностями использованной ионно-оптической системы лазерного источника.

В результате проведенных исследований было найдено, что ионные источники, использующие для формирования пучка обычную сферическую или иммерсионную линзу работают неэффективно из-за накопления положительного заряда на внутренних стенках ионизатора. Это приводит к уменьшению ионного тока, извлекаемого из источника. Например при работе лазера с частотой 10 кГц ионный ток падал в 100 раз через 0,5—2,0 часа для различных мишеней.

В данной работе была использована ионно-оптическая система с широким эмиссионным отверстием (диаметр 40 мм, см. рис. 1). В этом случае эффект накопления заряда на стенках ионизатора мал, так как поле ускоряющего напряжения проникает в плазму, что позволяет плучить максимальную интенсивность ионного тока. Кроме того, наблюдалось улучшение формы линий и разрешающей способности до 10000, что в два раза превышает эту характеристику для масс-спектрометра MX3301 с искровым источником ионов.

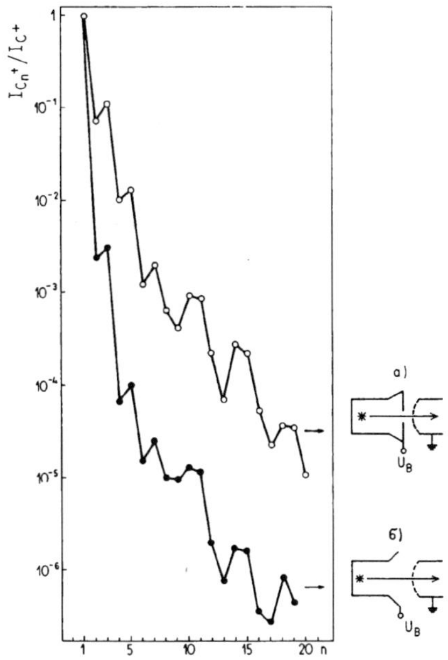

Рис. 3. Образование молекулярных ионов графита для различных ионно-оптических систем

Табл. 2. Результаты анализа тантала с помощью лазерной масс-спектрометрии

Химический элемент	Концентрация [10^{-6} г/г]
Na	270
Mg	3,5
Al	225
Si	12
P	0,3
S	0,7
K	366
Ca	60
Ti	12
V	0,9
Cr	11
Fe	48
Mn	0,7
Co	0,1
Ni	2,0
Cu	2,1
Zn	1,2
Rb	0,4
Sr	0,2
Zr	58
Nb	1120
Mo	4880
W	996

Табл. 3. Результаты анализов с помощью лазерном (I) и искровой (II) масс-спектрометрии ZGI-базальта

Элемент	Концентрация [10^{-6} г/г]				
	Эталон	I	Коч	II	Коч
Na	3,44%	5,27%	1,53	5,7%	1,65
Mg	4,499%	6,12%	1,36	5,6%	1,24
Al	8,59%	6,61%	0,8	10,5%	1,22
Si	23,15%	24%	1,03	19,6%	0,85
P		1600		2000	
S		3200		3300	
Cl	(100)	350	(3,5)	544	(5,4)
K	0,169%	0,34%	2,01	0,21%	1,24
Ca	4,62%	3,0%	0,64	2,4%	0,54
Sc	34	142	4,2	(n.d. Zr^{2+})	
Ti	6840	14820	2,2	6875	1,0
V	190	430	2,4	2655	14
Cr	121	475	3,8	1200	9,9
Mn	0,113%	5776	5,1	8390	7,4
Fe	6,78%	4,49%	0,66	5,52%	0,81
Co	36	145	4,0	270	7,1
Ni	57	245	4,3	405	7,1
Cu	43	–	–	265	6,1
Zn	120	202	4,5	304	2,5
Ga	16	130	8,1	104	6,5
Ge	(1,5)	(16,6)	(11)	3,8	2,9
As	13	35	2,7		
Br	–	–	–	55,6	
Rb	10	28,5	2,85		
Sr	230	369	1,6	970	4,2
Cs	2,0	7,1	3,5		
Ba	250	380	1,52	710	2,84
Y	–	32		68	
Zr	100			250	2,5
Mo	0,6	0,78	1,3		
La	9	11	1,22	11	1,22
Ce	2,2	27	1,22	32	1,45

Оптимизация ионно-оптической системы была проведена и для искрового источника ионов. Как было показано ранее [6, 7], спектры молекулярных ионов в искровой и лазерной плазме подобны. На рис. 3 представлены выходы молекулярных ионов графита в искровой плазме с малым эмиссионным отверстием в ионизаторе (а) и с большим — (б). Из рисунка видно, что выход молекулярных ионов из ионизатора с малым отверстием почти на два порядка больше, чем с большим. Этот эффект может возникать вследствие того, что в первом случае ускоряющее поле не проникает в плазму и электроны, двигающиеся в направлении эмиссионного отверстия производят ударную ионизацию нейтральных молекул и атомов. Дополнительным подтверждением этому служит наблюдение спектров остаточных газов и органических соединений образца. Для широкого эмиссионного отверстия (б) наблюдались слабые интенсивности молекулярных ионов и линий органических соединений такого же образца графита.

В табл. 2 в качестве иллюстрации чувствительности установки представлены данные лазерного масс-спектрометрического анализа образца тантала. Полная экспозиция на фотопластинке составила ≅ 30 нКл. При этом, как видно из таблицы, можно регистрировать примеси с концентрациями до 10^{-7} г/г.

Высокие концентрации натрия, алюминия и калия, в сравнении с результатами на искровом источнике, указывают на наличие в лазерном источнике механизма термической ионизации, так как эти элементы имеют низкие потенциалы ионизации.

В табл. 3 приведены результаты определения основных компонентов и следов в геологическом стандарте (ZGI Мелленбах базальт). Так как ионизация геологического образца затруднена, то в анализируемую проду добалялся графит (50% от веса). Из таблицы видно, что результаты искрового и лазерного масс-спектрометрического анализов находятся в удовлетворительном соответствии. Только для ванадия лазерный коэффициент относительной чувствительности (КОЧ) составляет 14, а искровой 2,4.

Из полученных результатов можно сделать вывод о том, что в лазерном источнике присутствуют несколько механизмов образования ионов.

Во первых, ионы элементов с нихкими ионизационными потенциалами ($< 6{,}5$ эВ) образуются в результате термической ионизации.

Во-вторых, значительные выходы элементов с высокими потенциалами ионизации (W, Ta) указывают на образование в источнике ионов высокотемпературной лазерной плазмы.

Интересные результаты были получены при анализе железного стандарта NBS SRM 461. Для большинства химических элементов КОЧ находятся в интервале от 0,2 до 5,0, и только для ванадия коэффициент относительной чувствительности аномально велик и равен 100. Результат устойчиво воспроизводилися в различных сериях опытов. Это позволяет сделать предположение о возможном наличии в лазерном источнике механизма селективной многофотонной ионизации. Причем необходимо отметитиь, что КОЧ для вадания зависит от концентрации ванадия в образце и повышается с ее ростом.

С помощью лазерной масс-спектрометрии были проведены также исследования процессов образования атомных и молекулярных ионов в горячей плазме. Многообразие процессов ионообразования обусловливает сложную картину массовых спектров, регистрируемых с помощью фотографической пластинки. В табл. 4 приведены данные по выходам молекулярных ионов при анализе NBS-стандарта циркония. Наиболее высокую, и в то же время непостоянную интенсивность имеют ионы ZrO^+. Они, по видимому, образуются из адсорбированных на поверхности мишени слоев. При уменьшении плотности мощности лазерного излучения наблюдатся увеличение выхода молекулярных ионов и снижение интенсивности многозарядных атомных ионов. Эти результаты согласуются с исследованиями плазмы более высокой температуры [5].

Табл. 4. Молекулярные ионы циркония

M^+	M^+/Zr^+
ZrO^+	$9{,}1 \cdot 10^{-1}$
ZrO_2^+	$1{,}5 \cdot 10^{-5}$
Zr_2^+	$7{,}4 \cdot 10^{-5}$
Zr_2O^+	$3{,}3 \cdot 10^{-5}$
$Zr_2O_2^+$	$2{,}7 \cdot 10^{-5}$
$Zr_2O_3^+$	$2{,}4 \cdot 10^{-4}$

Распределение молекулярных ионов в масс-спектре графита представлено на рис. 4. В отличие от более ранних исследований в лазерной и искровой плазме (см. рис. 3 и [6]), в этих экспериментах зарегистрировано другое распределение молекулярных ионов углерода. Здесь максимальную интенсивность имеют ионы, состоящие из 11 атомов углерода. Но это распределение находится в соответствии с результатами, опубликованными другими авторами [8]. Возможная причина такого расхождения состоит в низкой мощности лазера, применявщегося в данной работе.

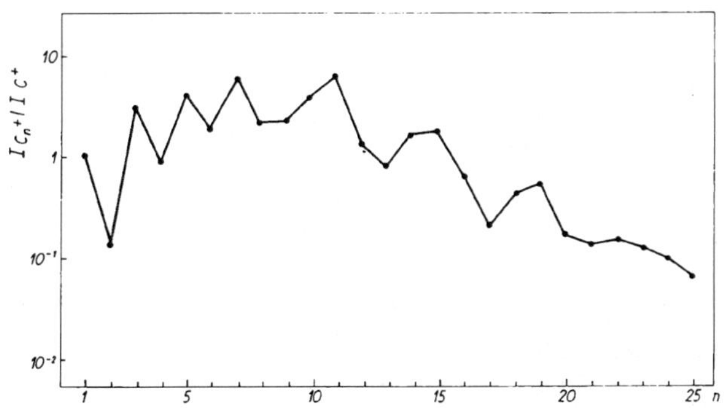

Рис. 4. Распределение однозарядных кластеров графита в лазерной плазме

Нами были проведены лазерные масс-спектрометрические исследования урана, тория и лантанидов с 50% добавками графита от веса образцов. Данные были сопоставлены с результатами искровой масс-спектрометрии. На рис. 5 представлено распределение карбидов урана в лазерном и искровом масс-спектрах. Выходы ионов UC_n^+ ($n = 1 \div 6$) с максимумами для $n = 2$ и $n = 4$ для лазерного источника находятся в соответствии с ранее полученными результатами [6]. Двухзарядные молекулярные ионы в лазерных спектрах обнаружены не были.

Аналогичные распределения были получены для системы тория с графитом (рис. 6). В спектре были за-

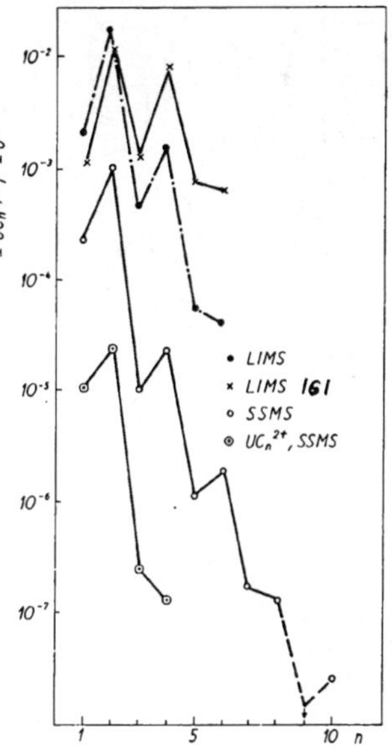

Рис. 5. Распределение карбидов урана в лазерном и искровом масс-спектрах

LIMS — Laser Ionization Mass Spectrometry; SSMS — Spark Source Mass Spectrometry

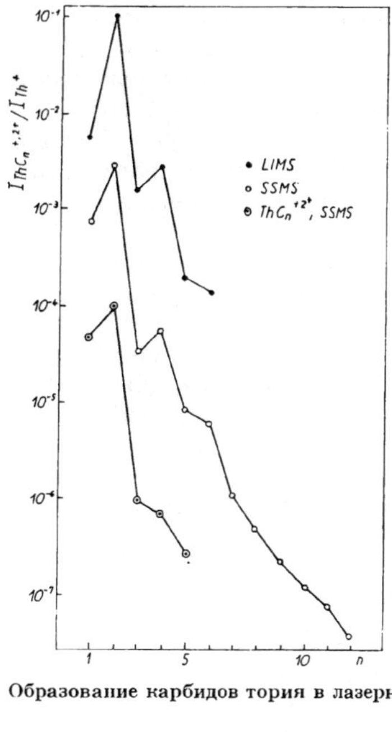

Рис. 6. Образование карбидов тория в лазерной и искровой плазме

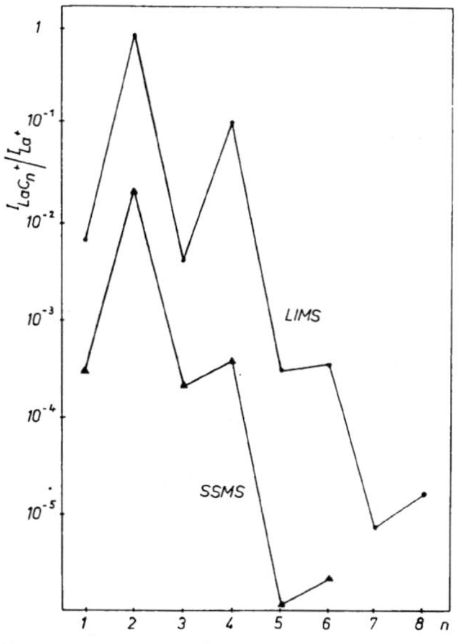

Рис. 7. Распределение карбидов лантана

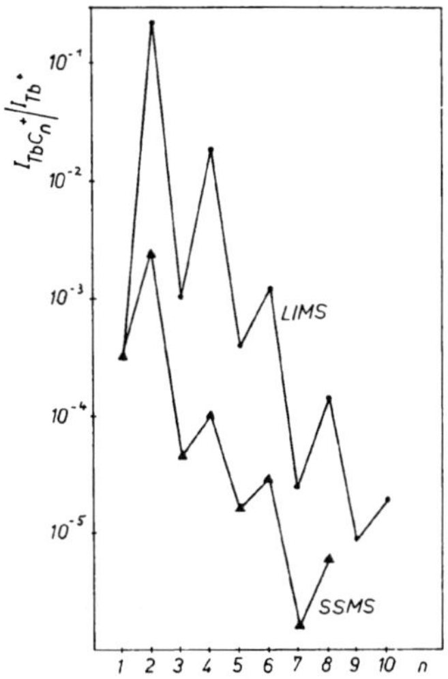

Рис. 8. Распределение карбидов тербия

регистрированы карбиды тория с максимальным атомным числом углерода 6. Как и в предыдущем случае, однозарядные молекулярные ионы из лазерного источника имеют более высокий выход, чем из искрового. Эти результаты согласуются с данными теплообразования карбидов тория, полученными при исследованиях на источнике с ионизацией электронным ударом [9].

При исследовании образования молекулярных ионов редкоземельных элементов были получены аналогичные результаты. На рис. 7 и 8 для примера представлено распределение карбидов лантана и тербия. И здесь получены более высокие интенсивности кластеров для лазерного источника, чем для искрового с максимумами для течных атомных чисел углерода. Необходимо отметить, что для всех исследованных систем выход карбидов падает с увеличением числа атомов углерода.

Заключение и выводы

Для плотности мощности лазерного излучения ($1 \cdot 10^8$ до $2 \cdot 10^9$ Вт/см^2) при диаметре пятна на поверхности мишени 15—25 мкм данные лазерной и искровой масс-спектрометрии хорошо согласуются. В лазерной плазме также образуются молекулярные ионы с высоким выходом. Интенсивность молекулярных ионов в лазерных масс-спектрах сильно зависит от мощности лазерного излучения и падает с ее увеличением. Но при работе с более высокой мощностью излучения должно возникать широкое распределение этой мощности вследствие дефокусировки излучения при работе лазера на высокой частоте. Это означает, что процессы образования молекулярных ионов должны сохранятся и при более высокой плотности мощности лазерного излучения. Кроме того молекулярные ионы, по видимому, возникают и при расширении лазерной плазмы за счет ионизации нейтральных атомов и молекул испаренного вещества и остаточных газов. Этот эффект должен усиливатся при работе лазера на высокой частоте, так как при этом повышается концентрация пара вещества мижени в объеме ионизатора.

Выход многозарядных атомных ионов в нашем случае был очень мал. Так, интенсивность двухзарядных ионов составляла единицы процентов, а трехзарядные ионы обнаружены не были. Для увеличения выхода двух и трехзарядных ионов необходимо увеличение плотности мощности лазерного излучения до величин $\geqq 5 \cdot 10^9$ Вт/см^2 с одновеременным увеличением диаметра пятна фокусировки до 100—300 мкм [10].

Фокусировка излучения лазера, работающего в режиме модулированной добротности с высокой частотой импульсов затруднена. Это приводит к тому, что плотность мощности излучения в эксперименте может сильно менятся. Для устранения этого эффекта необходимо быстро перемещать мишень или укорачивать импульсы лазерного излучения, что приведет к уменьшению глубины кратера. Кроме того, результатом работы лазера на высокой частоте является сильный разогрев мишени.

Пришенение ионной оптики с широким эмиссионным отверстием [11] в ионизаторе позволило увеличить коэффициент использования вещества мишени. При работе с новой оптикой было зарегистрировано уменьшение времени наборе экспозиции на фотопластинке примерно в 30 раз.

Это означает, что во столько же раз увеличился коэффициент использования анализируемой пробы. Для новой ионной оптики также следует ожидать снижение выхода молекулярных ионов, аналогично тому, что получено для искровой плазмы (рис. 3).

Поступила в редакцию 8/VII, 1985 г.

Литература

[1] *H.-J. Dietze, S. Becker*, ZfI-Mitteilungen **57** (1982) 1–183
[2] *Г. М. Тер-Акопьян, Т. М. Арзуманян, Д. Д. Богданов, Ю. А. Быковский, З. Козловский, А. М. Родин, С. М. Сильнов, С. В. Степанцов, Т. Н. Флеров*, ОИЯИ, Е13-82-638, Дубна 1982
[3] *G. N. Flerov, G. M. Ter-Akopian*, Pure Appl. Chem. **53** (1981) 909
[4] *R. J. Conzemius, J. M. Capellen*, Int. J. Mass. Spectrom. Ion Phys. **34** (1980) 197
[5] *H.-J. Dietze, S. Becker*, ZfI-Mitteilungen **101** (1985) 1–83
[6] *H.-J. Dietze, S. Becker, I. Opauszky, L. Matus, I. Nyáry, J. Frečska*, Mikrochimica Acta (Wien) 1983, III 263
[7] *S. Becker, H.-J. Dietze*, Int. J. Mass. Spectrom. Ion Phys. (1985) **67** (1985) 57
[8] *N. Fürstenau, F. Hillenkamp*, Int. J. Mass. Spectrom. Ion Phys. **37** (1981) 135
[9] *S. K. Gupta, K. Gingerich*, Chem. Phys. **72** (1980) 2795
[10] *Г. Г. Девятых, С. В. Гапонов, Н. Д. Ковалев, Н. В. Ларин, В. Н. Лучин, Г. А. Максимов, Л. И. Понтус, А. И. Сучков*, Письма ЖТФ **2** (1976) 906
[11] *H.-J. Dietze, S. Becker*, Fresen. Z. Anal. Chem. (1985) **321**, 490

Isotopenpraxis 22 (1986) 6, S. 203 bis 208

Interrelation between Human Fertility and Seminal Plasma Lipids, Prostaglandins and Zinc

A. A. Hafiez, K. Zaki, E. Z. Abbas, F. A. Halawa, A. Abdel-Aziz

(Departments of Biochemistry and Andrology, Faculty of Medicine, Cairo University)[1])

This study comprises 106 adult men. They were classified into 3 main groups and the seminal plasma lipids, PGE, $PGF_{2\alpha}$ and Zn were measured in cases of normal fertile men (32), oligospermia (43) and azoospermia (31). The seminal plasma PGEs level was significantly elevated in the group of oligospermia, while $PGF_{2\alpha}$ showed no significant changes. At the same time seminal plasma levels of phospholipids, triglycerides and Zn were significantly increased. While seminal plasma PGEs in the group of azoospermia showed an insignificantly decrease, the seminal plasma total lipids phospholipids and cholesterole showed a significant decrease. The prostaglandines PGEs ($E_1 + E_2$) and $PGF_{2\alpha}$ were estimated by radioimmunoassays.

Es wurden die Plasmalipide im Sperma, die Prostaglandine PGE und $PGF_{2\alpha}$ und Zink bei 32 Männern mit normaler Fruchtbarkeit, 43 Männer mit Oligospermie und 31 Männer mit Azoospermie untersucht. Dabei zeigte sich, daß in der Gruppe mit Oligospermie die Prostaglandine PGE signifikant erhöht waren, während das Prostaglandin $PGF_{2\alpha}$ keinen signifikanten Wechsel aufwies. Gleichzeitig waren die Phospholipide, die Triglyceride und das Zn in der Samenflüssigkeit erhöht. In der Gruppe mit Azoospermie waren die PGEs nicht signifikant erniedrigt, aber die Gesamtlipide, die Phosphatide und das Cholesterol wiesen eine signifikante Erniedrigung aus. Die Bestimmung der Prostaglandine erfolgte mit Hilfe von Radioimmunoassays.

Keywords

biochemistry; carboxylic acids; fertility; hormones; lipids; phospholipids; prostaglandins; radioimmunoassay; triglycerides

Introduction

Polyunsaturated fatty acids (PUFA) are regarded as precursors of prostaglandins [1, 2], *Hafiez* [3] reported that infertility caused by essential fatty acids (EFAS) deficiency might be due to a lack of PGE_2 production and proved that PGE_2 prevents impairment of fertility in rats fed a diet deficient in EFAS. *Biswas* et al. [4] claimed that administration of PGE_2 prevent delitorious effects of aspirin on Sertoli cell function. Several studies have suggested a relationship between the PG content of seminal plasma and human infertility [5—7]. *Ahmos* [8] und *Collier* et al. [7] detected a low seminal PGE content in a considerable number of humans. On the other hand, *Jonsson* et al. [9] reported a high level of PGE in infertile oligospermic subjects.

Zinc deficiency has been first recognized in 1963 and accused for the syndrome of nutritional dwarfism and hypogonadism seen in adolescent boys in Egypt and Iran [10, 11]. The most critical role of zinc in biochemical process in its involvement in the metabolism of polynucleotides RNA and DNA synthesis. Deficiency of zinc has been demonstrated to inhibit the formation of these nucleic acids [12]. Zinc deficiency has severe effects on all stages of reproduction and tissue proliferation in young animals. *Hafiez* et al. [13, 14] have pointed out the role of zinc in testicular function and found that zinc deficiency caused decreased testicular weight and hypogonadism. They attributed these changes in the testicular functions to disturbances in RNA, DNA ribonucleases infertile marriages. *Hafiez* et al. [14] also described and isolated an enzyme, protease-controlled by zinc. Its activity was increased by zinc deficiency and regulated by zinc sufficiency. Such enzyme was isolated and purified not only from rat testis but also from sheep [15].

Biere and *Prival* [16] stated that zinc has an effect on spermatogenesis and some of the usual changes in testicular lipids and fatty acids in rats. *Kuche* et al. [17] have also stated that the stabilizing effect of zinc and other factors on lysosomes is indicative of a possible action of those compounds on PG synthesis.

The above mentioned reports stimulated us to study the possible relation between the seminal plasma contents of PG, lipids, zinc and human fertility.

Material and methods

This study comprised 106 adult men. They were classified according to their semingram into three main groups:

1) Normal fertile men (32 healthy subjects) fathering children with an age of less than one year.
2) Oligospermic group (43 cases) with reduced sperm count (below 20 millions/ml). This group was classified into 3 subgroups which are:
   a) Oligospermia with varicocoele (25 cases)
   b) Oligospermia with infection (10 cases)
   c) idiopathic oligospermia (8 cases).
3) Azoospermic groups (31 cases). This group was further subclassified into:
   a) azoospermia with absent vas (13 cases)
   b) azoospermia with obstruction (9 cases)
   c) azoospermia with testicular atrophy (9 cases).

[1]) Address: Kasr El-Aini, Cairo, Egypt

Semen samples were analysed for full andrological picture which includes; volume, count, motility, viability, viscosity, abnormal forms and pus cells. Seminal plasma was separated by centrifugation and used for the following assays:

I) Estimation of PGE_S ($E_1 + E_2$) and $PGF_{2\alpha}$ by radioimmunoassay [18].

II) Colourimetric determination of different types of lipids:

1) total lipids (Method of *Knight* et al. [19])
2) cholesterol (Method of *Waston* [20])
3) phospholipids (Method of *Zilversmit* [21])
4) triglycerides (Method of *Soloni* [22])
5) free fatty acids (FFAs) (Method of *Duncombe* [23]).

III) Seminal plasma zinc was determined in 18 cases for each group by atomic absorption spectrophotometric method [24].

Analysis of results and discussion

The results are presented in Tab. 1–3 and Fig. 1–10. In the group of oligospermia (Tab. 1), there is a significant increase in the seminal plasma levels of PGE_2, phospholipids, triglycerides and zinc ($65{\cdot}003 \pm 3{\cdot}34$ µg per ml, $P < 0{\cdot}001$; $110{\cdot}03 \pm 2{\cdot}875$ mg%, $P < 0{\cdot}005$; $16{\cdot}82 \pm 0{\cdot}196$ mg%; $P < 0{\cdot}001$ and $16{\cdot}11 \pm 1{\cdot}485$, $P < 0{\cdot}05$ respectively), compared to normal fertile group

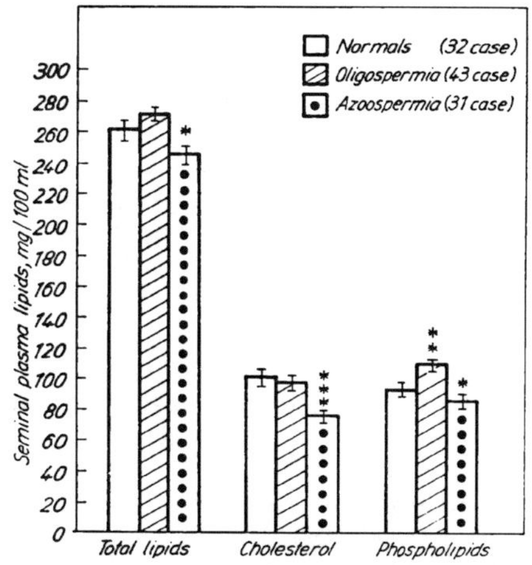

Fig. 1. Seminal plasma levels of total lipids, cholesterol and phospholipid in normals, oligospermic and azoospermic cases

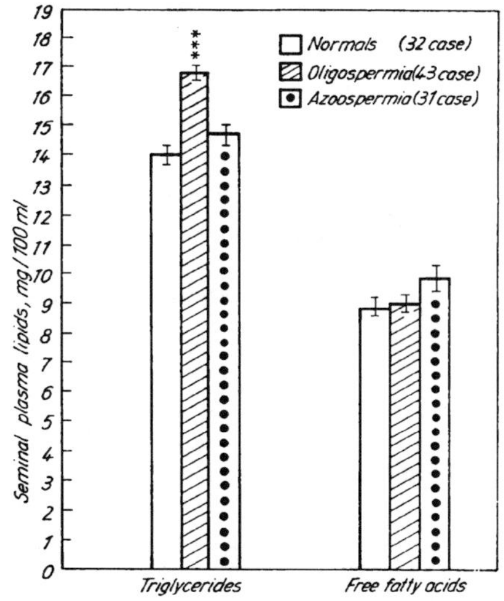

Fig. 2. Seminal plasma levels of triglycerides and free fatty acids in normals, oligospermic and azoospermic cases

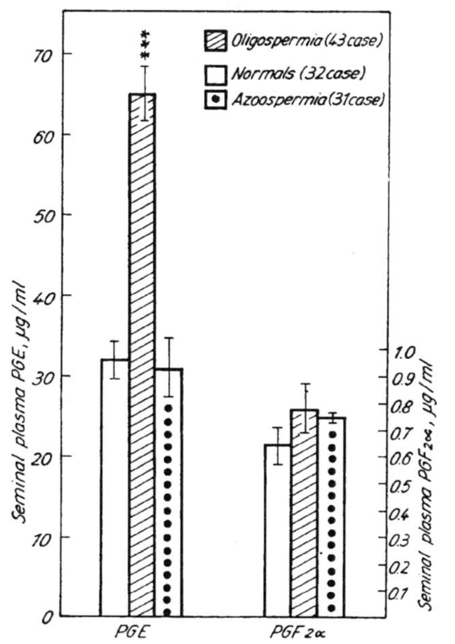

Fig. 3. Seminal plasma levels of PGE and $PGF_{2\alpha}$ in normals, oligospermic and azoospermic cases

Tab. 1.: Comparative data for seminal plasma levels of PGs, lipids and zinc in normal subjects, oligospermic and azoospermic cases

		$PGF_{2\alpha}$	PGE	Total lipid	Cholesterol	Phospholipid	Triglycerides	FFA	Zinc
Normal	Mean	0·640	32·28	261·91	101·25	94·16	14·04	8·96	11·72
(32 case)	±SDM	0·420	13·98	27·63	26·24	21·869	1·69	1·83	5·009
	±SEM	0·074	2·47	4·884	4·639	3·8661	0·299	0·323	1·18
Oligo-	Mean	0·780	65·003	272·65	98·14	110·03	16·82	9·017	16·11
spermic	±SDM	0·620	21·92	29·249	20·21	18·85	1·28	1·607	6·301
cases	±SEM	0·090	3·34	4·460	3·082	2·875	0·196	0·245	1·485
(43 case)	*P*	< 0·5	< 0·001	< 0·1	< 0·5	< 0·005	< 0·001	< 0·5	< 0·05
Azoo-	Mean	0·751	31·71	246·33	77·69	84·016	14·74	9·89	13·36
spermic	±SDM	0·560	18·45	31·87	13·55	16·64	1·78	2·48	3·413
cases	±SEM	0·1006	3·31	5·724	2·434	2·988	0·320	0·445	0·804
(31 case)	P_1	< 0·4	< 0·5	< 0·05	< 0·001	< 0·05	< 0·2	< 0·1	< 0·5
	P_2	< 0·5	< 0·001	< 0·001	< 0·001	< 0·001	< 0·001	< 0·1	< 0·

P = Oligospermia as compared to normals
P_1 = Azoospermia as compared to normals
P_2 = Azoospermia as compared to oligospermia

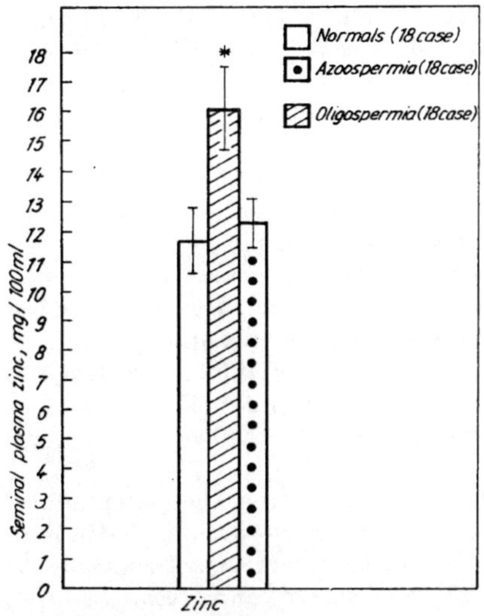

Fig. 4. Seminal plasma level of Zinc in normals, oligospermic and azoospermic cases

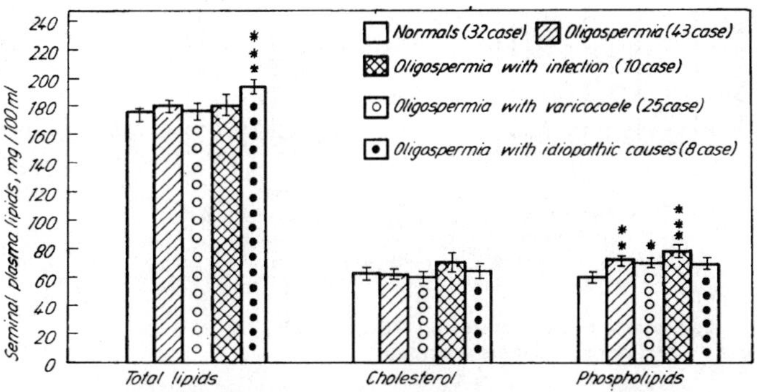

Fig. 5. Seminal plasma levels of total lipid, cholesterol and phospholipid in normals, oligospermic cases and its subgroups

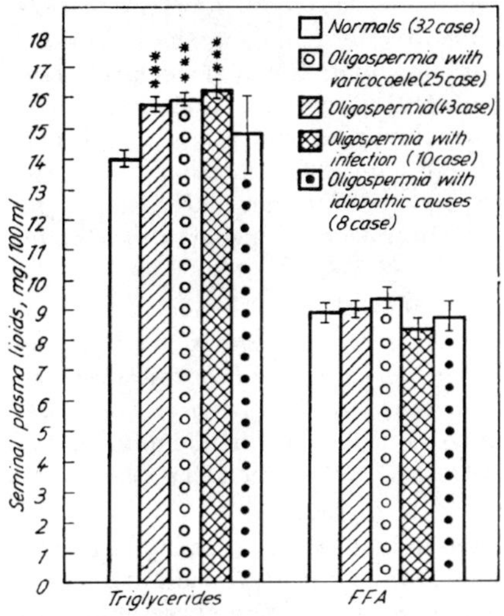

Fig. 6. Seminal plasma levels of Triglycerides and free fatty acids in normals, oligospermic cases and its subgroups

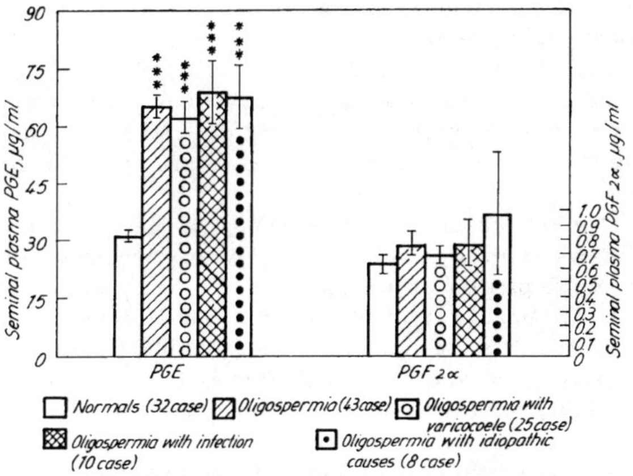

Fig. 7. Seminal plasma levels of PGE and $PGF_{2\alpha}$ in normals, oligospermic cases and its subgroups

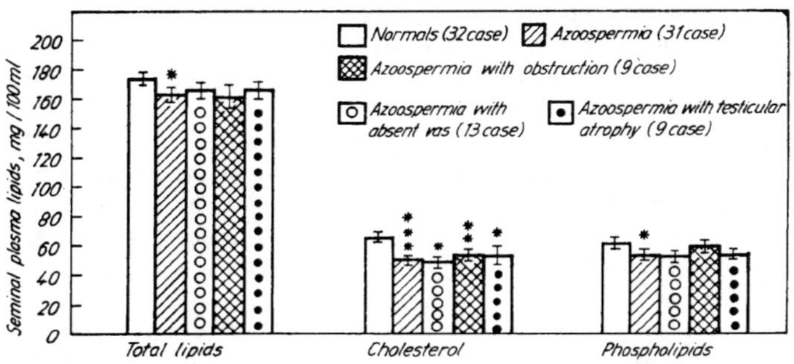

Fig. 8. Seminal plasma levels of total lipid, cholesterol and phospholipid in normals, azoospermic cases and its subgroups

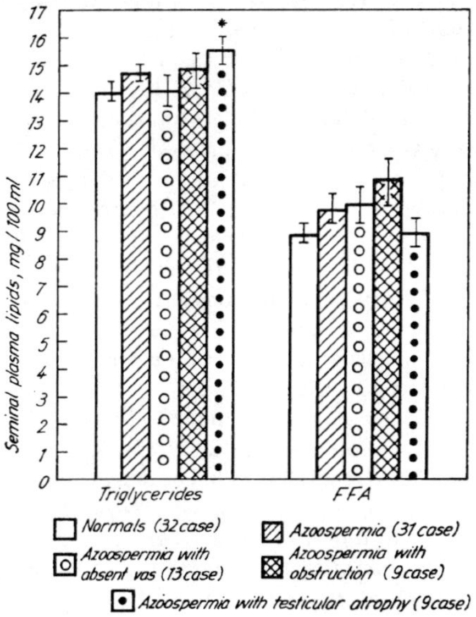

Fig. 9. Seminal plasma levels of Triglycerides and free fatty acids in normals, azoospermic cases and its subgroups

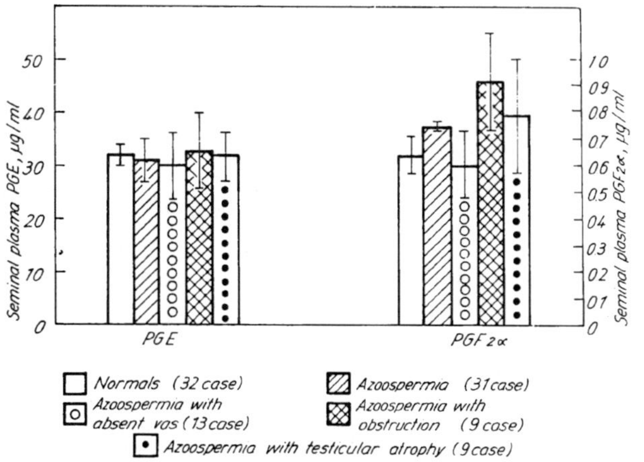

Fig. 10. Seminal plasma levels of PGE and $PGF_{2\alpha}$ in normals, azoospermic cases and its subgroups

($32{\cdot}28 \pm 2{\cdot}47$ µg/ml; $94{\cdot}16 \pm 3{\cdot}866$ mg%, $14{\cdot}04 \pm 0{\cdot}299$ mg% and $11{\cdot}72 \pm 1{\cdot}18$ mg% respectively), with no significant difference in the levels of $PGF_{2\alpha}$, total lipids, cholesterol and free fatty acids.

The increased levels of phospholipids and triglycerides could be explained by the fact that the levels of these compounds are the result of two antagonising processes which are the synthesis and the utilization. So, the elevation in their levels may be due to utilization of these compounds with smaller number of spermatozoa as compared with the abundant sperm density in the normal group.

Our results are in agreement with those reported by *Jonsson* et al. [9] and *Ahmos* [8] who demonstrated that PGE are present at a higher level in oligospermic patients than in normal control subjects. The elevated level of PGE could be explained by the finding that the gonadotropins (FSH and LH), prolactin and testosterone levels were increased in cases of oligospermia [25]. The increase in the previously mentioned hormones could affect the synthesis of PGs which may act as a hormone mediator [26]. *Ellis* et al. [27] stated that hypophysectomy decreases PG synthesis in the testis and seminal vesicles. Phospholipids and triglycerides are known to provide the substrate required for PG synthesis [28]. So, increased levels of these compounds in oligospermia may give another explanation for the detected rise in PGE levels.

In the oligospermic group there is an increase in the seminal plasma levels of zinc ($16{\cdot}11 \pm 1{\cdot}485$ mg%) compared to normal ($11{\cdot}72 \pm 1{\cdot}18$ mg%, $P < 0{\cdot}05$). The increased zinc levels in this group may be another factor having some role in the elevation of PGE levels. *Kuche* et al. [17] stated that the stabilizing effect of Zn^{++} and other factors on lysosomes is indicative of a possible action of these compounds on PG synthesis.

The relation of zinc and prostaglandins to fertility was described by many authors.

Skandhan et al. [29] found a linear relationship between zinc in seminal plasma and motility of spermatozoa. *Zvit* et al. [30] noted that zinc concentration in seminal plasma tended to be lower in poor quality semen. *Caldamone* et al. [31] found a low seminal zinc and decreased sperm motility in infertile patients, and treatment of these patients with oral zinc sulfate was accompanied with improved motility. On the other hand, *Hafez* [32] mentioned that Zn^{++} inhibit sperm motility by inhibiting adenylate cyclase. *Aonuma* et al. [33] also noted that the fertilization of mouse gametes fell to zero % when 250 micron of $ZnCl_2$ were added. So, our results are in agreement with the statement that higher levels of zinc may produce infertility.

Elevated levels of PGs may cause infertility [34]. The supressive effect of PGs on spermatogenesis may be through one or more of the following mechanisms: —

Firstly, PGE may have a direct supressive action on the seminiferous germinal epithelium, decreasing the number of spermatogonia elaborating spermatozoa [35].

Secondly, the high level of PGE may cause a defect in spermatogenesis by increasing the testicular contractions producing increased number of exfoliated immature germ cells [35].

Thirdly, PGE may act by affecting the pampiniform plexus in such a manner that blood flow and/or blood temperature to the gonads and accessory structures may be altered as suggested by *Ericsson* [36] and *Abbatiello* et al. [35]. Both PGE and $PGF_{2\alpha}$ reduced testicular blood flow in male rats [37—39].

We suggest that the increased PGE level in infertile patients may cause infertility by changing the time taken by spermatozoa in passing along the male genital tract. In this respect *Hib* et al. [40] observed a diminution of the transport time of spermatozoa in the rabbit epididymis after PGE_2 chronic treatment. They assumed that undetected critical alterations in the sperm maturation might have occurred during the diminished transport time through the epididymis.

We can conclude here, that elevated levels of zinc and PG may play a role in production of infertility therefore further and more specific knowledge of this role may lead to possible clinical application in regulation of male fertility. Thus, antiprostaglandins e.g. aspirin, indomethacin und mephenamic acid [17, 41] may have some therapeutic value in infertile patients.

Patients with oligospermia (Tab. 2) display an array of causes which include varicocoele (25 cases), infection (10 cases) and idiopathic (8 cases). The three subgroups show more or less the same finding, but cases of oligospermia with infection have the highest levels of PGE, phospholipids and triglycerides. *Vane* [42] and *Williams* [43] reported that genital tract infection leads to increased PG secretion as a protective inflammatory reaction. So, elevation of triglycerides and phospholipids levels with inflammation could be considered as factors leading to increase in PG synthesis and secretion.

The azoospermic group (Tab. 1) shows a significant decrease in the levels of total lipids ($246{\cdot}33 \pm 5{\cdot}724$ mg%, $P < 0{\cdot}05$), cholesterol ($77{\cdot}69 \pm 2{\cdot}434$ mg%, $P < 0{\cdot}001$) and phospholipids ($84{\cdot}016 \pm 2{\cdot}988$ mg%, $P < 0{\cdot}05$) compared to normal with insignificant changes in the levels of $PGF_{2\alpha}$, PGE, FFA and zinc. In comparison to the oligospermic group, cases of azoospermia present a significant decrease in the level of PGE, total lipids, cholesterol, phospholipids and triglycerides with no changes in $PGF_{2\alpha}$, FFA and Zinc.

As previously mentioned, the level of seminal lipids is the result of two processes which are the synthesis and the utilization. of these compounds. Accordingly the drop in the seminal plasma lipid could be attributed to their decreased synthesis which may be due to an enzymic block, hormonal disturbance or tissue destruction or degeneration.

Tab. 2. Comparative data for seminal plasma levels of PGs and lipids in the subgroups of oligospermic cases as compared to normal controls

		$PGF_{2\alpha}$	PGE	Total lipid	Chole-sterol	Phospho-lipid	Trigly-cerides	FFA
Normal	Mean	0·640	32·28	261·91	101·25	94·16	14·04	8·96
(32 case)	±SDM	0·420	13·98	27·63	26·24	21·869	1·69	1·83
	±SEM	0·074	2·47	4·884	4·639	3·866	0·299	0·323
Oligospermic cases	Mean	0·717	63·04	266·29	93·97	107·81	16·99	9·35
with varicocele	±SDM	0·363	21·26	30·901	19·81	19·61	1·12	1·78
(25 case)	±SEM	0·0712	4·25	6·180	3·96	3·92	0·224	0·356
	P	< 0·5	< 0·001	< 0·5	< 0·4	< 0·2	< 0·001	< 0·5
Oligospermic cases	Mean	0·782	70·77	272·95	108·025	118·85	17·16	8·39
with infection (10 case)	±SDM	0·539	25·26	30·123	21·476	18·339	1·133	1·098
	±SEM	0·1705	7·987	9·526	6·791	5·799	0·358	0·347
	P	< 0·5	< 0·001	< 0·4	< 0·5	< 0·001	< 0·001	< 0·4
Oligospermic cases	Mean	0·987	67·05	292·13	98·827	105·912	14·827	8·766
with idiopathic causes	±SDM	1·234	22·353	15·383	19·204	16·832	3·895	1·562
(8 case)	±SEM	0·436	7·903	5·439	6·789	5·961	1·377	0·5523
	P	< 0·5	< 0·001	< 0·001	< 0·5	< 0·2	< 0·5	< 0·5

P = Subgroups of oligospermia as compared to normals

Tab. 3. Comparative data for seminal plasma levels of PGs and lipids in the subgroups of azoospermic cases as compared to normal controls

		$PGF_{2\alpha}$	PGE	Total lipid	Chole-sterol	Phospho-lipid	Trigly-cerides	FFA
Normal	Mean	0·640	32·28	261·91	101·25	94·16	14·04	8·96
(32 case)	±SDM	0·420	13·98	27·63	26·24	21·869	1·69	1·83
	±SEM	0·074	2·47	4·884	4·639	3·886	0·299	0·323
Azoospermic	Mean	0·605	29·85	246·94	75·59	81·64	14·067	9·93
cases with	±SDM	0·4809	21·45	36·513	11·235	16·756	1·813	2·432
absent vas	±SEM	0·1333	5·9503	10·128	3·116	4·648	0·5029	0·6746
(13 case)	*P*	< 0·5	< 0·5	< 0·2	< 0·05	< 0·1	< 0·5	< 0·4
Azoospermic	Mean	0·921	33·20	243·604	79·99	89·137	14·85	10·83
cases with	±SDM	0·586	21·88	33·892	12·843	20·57	1·759	3·214
obstruction	±SEM	0·1953	7·026	11·297	4·282	6·886	0·5843	1·0713
(9 case)	*P*	< 0·2	< 0·5	< 0·2	< 0·005	< 0·5	< 0·4	< 0·2
Azoospermic	Mean	0·792	32·92	248·17	78·43	83·32	15·59	8·91
cases with	±SDM	0·675	13·214	27·826	18·547	13·668	1·673	1·601
testicular	±SEM	0·225	4·404	9·275	6·1823	4·556	0·5576	0·5336
atropyh (9 case)	*P*	< 0·5	< 0·5	< 0·2	< 0·01	< 0·1	< 0·02	< 0·5

P = Subgroups of azoospermia as compared to normals

The non-significant levels of PGE in azoospermia in comparison to oligospermia may be explained firstly by the parallel drop in phospholipids and triglyceride and zinc in the azoospermic group compared to the oligospermic one.

We can suggest that the levels of PG_3 in seminal plasma are affected by many factors. The first one is the availability of the substrates and cofactors required for PG synthesis which are provided by phospholipids, triglycerides and zinc. The second one is the level of different hormones that regulates the biosynthesis of PG which are FSH, LH, PRL and testosterone [26]. Since most of these hormones were found to be increased in cases of azoospermia [25, 44]. Thus decreased availability of the substrate appears to be the limiting factor.

A third factor that may affect the PG levels of seminal plasma is the state of the tissues that are responsible for their synthesis and secretion. Seminal plasma PG originate from the following sources: Seminiferous tubules [45, 46], excretory passages, seminal vesicles and prostate [47]. Our Azoospermic group (Tab. 3) comprised cases with absent vas (13 cases), cases with obstruction (9 cases) and cases with testicular atrophy (9 cases). Affection of these functional tissues which have some role in PG synthesis may be another factor responsible for the lower levels of PG detected in cases of azoospermia in comparison to cases of oligospermia.

Summary

In this study seminal plasma lipids, PGE, $PGF_{2\alpha}$ and zinc were measured in cases of normal fertile men (32), oligospermia (43) and azoospermia (31).

The facts observed can be summarised as follows:

In the group of oligospermia: Seminal plasma PGEs level was significantly elevated, while $PGF_{2\alpha}$ showed no significant changes. At the same time seminal plasma levels of phospholipids, triglycerides and zinc were significantly increased. The elevated levels of PGE might be explained by increased synthesis of these fractions and/or diminished utilization.

In the group of azoospermia: While seminal plasma PGEs showed insignificant decrease, seminal plasma total lipids, phospholipids and cholesterol showed a significant decrease.

No marked changes were observed in the different parameters in the 3 subgroups of oligospermia compared to each others and similar finding was found in the subgroups of azoospermia.

Received May 15, 1985

References

[1] *S. Bergstrom*, Science N.Y. **157** (1967) 382

[2] *P. K. Beerthuis, D. H. Nugtern, H. Pabon, D. A. von Dorp*, Rech. Trav. Chim. Pays-Bas Belg **87** (1968) 941

[3] *A. A. Hafiez*, J. Reprod. Fertil. **38** (1974) 273

[4] *N. M. Biswas, S. Sanyal, P. B. Patra,* Andrologia **10** (1978) 137
[5] *M. Bygdeman, B. Samuelsson,* Clin. Chim. Acta **13** (1966) 465
[6] *M. Bygdeman, B. Fredericsson, K. Svanberg,* Fertil. Steril. **21** (1970) 622
[7] *J. G. Collier, R. J. Flower, S. L. Santon,* Fertil. Steril. **26** (1975) 868
[8] *K. G. Ahmos, A. A. Hafiez,* PGs in human semen and its relation to fertility. Ph. D. Thesis (Biochemistry), Faculty of Pharmacy, Cairo University 1981
[9] *J. R. Jonsson, D. L. Morris, F. C. Derrick, M. N. Berkaw, R. F. Powers,* 4th annual meeting and post graduate course. March 13 to 16, Houston, Texas. U.S.A. (American Society of Andrology) 1979
[10] *A. S. Prasad, A. Miale, Z. Farid, H. H. Sandstead, A. R. Schulert, W. J. Darley,* Arch. Intern. Med. **III** (1963) 1407
[11] *A. S. Prasad, A. Miale, Z. Farid, H. H. Sandsted, A. R. Schulert,* J. Lab. Çlin. Med. **61** (1963) 1537
[12] *J. A. Halstead, J. C. Smith, M. I. Irwin,* J. Nutrition **104** (1974) 345
[13] *A. A. Hafiez, N. M. Moussa, H. H. Lamya,* Egypt. J. physiol. Sci. **7** (1980) 109
[14] *A. A. Hafiez, N. M. Moussa, H. H. Lamya,* Egypt. J. Physiol. Sci. **9** (1982) 63
[15] *N. M. Moussa, A. A. Hafiez, H. H. Lamya,* Egypt. J. Physiol. Sci. **7** (1980) 121
[16] *J. C. Biere, E. L. Prival,* J. Nutr. **89** (1966) 55
[17] *F. A. Kuche, J. R. Cerillo, V. J. Ham, J. L. Humes,* Adv. Biol. Sci. **9** (1973) 155
[18] *B. U. Caldwell,* J. Clin. Endocr. **33** (1971) 171
[19] *J. A. Knight, S. Anderson, J. M. Rawle,* Chem. **18** (1972) 199
[20] *D. Waston,* Clin. Chim. Acta **5** (1960) 637
[21] *D. B. Zilversmit,* J. Lab. Clin. Med. **35** (1950) 155
[22] *F. G. Soloni,* Clin. Chem. **17** (1971) 529
[23] *W. G. Duncombe,* Clin. Chem. Acta. **9** (1964) 122
[24] *J. B. Willis,* Spectrochem. Acta **16** (1960) 259
[25] *A. A. Hafiez, K. Z. Mahmoud, E. Z. Abbas, F. Halawa,* Isotopenpraxis **20** (1984) 285
[26] *H. Shio, J. Shaw, P. Ramwell,* Annals of the New York Academy of Sciences **185** (1971) 327
[27] *L. C. Ellis, D. K. Sorenson, L. E. Buhrley,* J. Steroid Biochem. **6** (1975) 1081
[28] *S. Hashimoto, S. Dayton, R. B. Alfin-Slater, D. T. Bui, N. Baker, L. Wilson,* Circ. Res. **34** (1974) 1976
[29] *K. P. Skandhan, S. Sandhan, Y. B. Metha,* Experientia **34** (1978) 1476
[30] *H. Zvit, M. Haim, N. Fainman, P. F. Kraicer,* Fertil. Steril. **29** (1978) 539
[31] *A. A. Caldamone, M. K. Freytag, A. T. Cockett,* Urology **13** (1979) 280
[32] *E. S. E. Hafez,* Editor Human Semen and Fertility Regulation in man. Publishers C. V. Hosby Company. St. Louis U.S.A. 1976
[33] *S. Aonuma, M. Okabe, M. Kawaguchi,* J. Reprod. Fertil. **53** (1978) 179
[34] *R. J. Cenedella, W. G. Crouthamel,* Prostaglandins **4** (1973) 285
[35] *E. R. Abbatiello, M. Kaminsky, S. Weisbroth,* Int. J. Fertil. **20** (1975) 177
[36] *R. J. Ericsson,* Adv. Biosciences **9** (1973) 737
[37] *M. J. Free, R. A. Jaffe,* Prostaglandins **1** (1972) 483
[38] *M. J. Free, S. A. Tillson,* Endocrinology **93** (1973) 874
[39] *N. Einer-Jensen, G. Soofi,* Prostaglandins **7** (1974) 377
[40] *J. Hib, R. O. Ponzio, O. Vilar,* Andrologia **11** (1979) 326
[41] *B. K. Tsang, T. C. Col,* Am. J. Obstet. & Gynecol. **142** (1982) 626
[42] *J. R. Vane,* In Advances in PG in thromboxane Research. Vol. 2, New York, Roven. Press 1976, p. 791
[43] *T. J. Williams,* Postgrad. Med. J. **53** (1977) 660
[44] *A. Nahed, A. A. Hafiez, K. Zaki,* Studies on some hormones of semen and serum of fertile and infertile men. Ph. D. Thesis (Biochemistry) Faculty of Medicine Cairo University 1983
[45] *J. L. Hargrove, J. M. Johnson, L. C. Ellis,* Proc. Soc. Exp. Biol. Med. 136 (1971) 958
[46] *P. W. Weinshenbach, M. P. Carpenter,* Fed. Proc. Fed. Am. Soc. Exp. Biol. **33** (1974) 1425
[47] *F. M. Badr, I. Barcikowski, A. Bartke,* Prostaglandins **9** (1975) 289

Isotopenpraxis **22** (1986) 6, S. 208 bis 212

Thyroid Functions in Chronic Liver Diseases

A. A. Hafiez, M. A. Razzak, M. R. Awadain, M. Fahmy, F. A. Halawa, A. M. Khalil, H. Nasr

(Departments of Medicine, Biochemistry and Pathology, Faculty of Medicine, Cairo University)

Thirty-six patients with chronic hepatic diseases and ten normal control subjects with matching ages were studied by various clinical, laboratory and histopathologic means. Estimation of serum levels of thyroid hormones and thyroid stimulating hormones (TSH) showed that the average values of rT_3, T_4 *and TSH were higher in the group of chronic liver disease as compared to the controls. In the meantime, the average value of* T_3 *for those presenting with liver affection was lower than the controls. The severity of changes was most marked in the group of established cirrhosis followed by that of hepato-splenic schistosomiasic and chronic active hepatitis in that order of frequency.*

Es wurden 36 Patienten mit chronischen Lebererkrankungen und 10 Kontrollpatienten entsprechenden Alters verschiedenen klinischen, histopathologischen und Labor-Untersuchungen unterzogen. Die Bestimmung der Serumpegel der Schilddrüsenhormone und der schilddrüsenstimulierenden Hormone (TSH) ergab, daß die chronisch erkrankten Leberpatienten im Vergleich zu den gesunden Kontrollpersonen höhere Werte der rT_3, T_4 *und TSH zeigten, während die* T_3 *Werte erniedrigt waren. Dabei wurden die größten Unterschiede in den* T_3- *und* rT_3-*Werten bei der Leberzirrhose gefunden, gefolgt von Bilharziose und chronischer Hepatitis.*

Keywords

hepatitis, liver; liver cirrhosis; radioimmunoassay; thyroid; thyroid hormones; triiodothyronine; tsh

Introduction

It has been shown that a major proportion of circulating 3,3′,5 triiodothyronine (T_3) originates from peripheral metabolism of thyroxine (T_4) [1–5]. Recent studies have also revealed that the circulating 3,3′,5 triiodothyronine (reversed T_3 or rT_3) originates mainly from the peripheral metabolism of T_4, thyroidal secretion appears to contribute only to about 3% of the rT_3 present in serum [6].

It is not known to what proportion the different organs contribute to the overall T_3 production in the intact animal under physiologic circumstances [7]. Several early studies suggest that the liver plays a role in the metabolism of thyroid hormones particularly in the monodeiodination of T_4 to T_3 [4, 8].

Several studies on thyroid functions gave variable results on the serum levels of thyroid hormones and TSH in patients with chronic hepatic disease. Most of the reports

Mitteilungen / Information

DETERMINATION OF OXYGEN ISOTOPES IN WATER BY DIRECT OXIDATION AND OXYGEN MASS SPECTROMETRY

The oxygen isotopic content of natural and heavy water have been determined by mass spectrometric analysis of oxygen gas, produced by direct chemical oxidation using either $Na_2 S_2 O_8$ in strongly basic media or ClF_3.
The results from the two methods are in good agreement. No evidence for mass independent isotope fractionation effects in deuterium free water or in heavy water samples from a variety of sources was found. The O-17 ans O-18 content of 3 IAEA water on standards (V-SMOW, GISP and SLAP) are reported by J.H. Rolston et al . (Internat. J. Appl. Radiat. Isotopes 36(1985)8, 663-667)

PRODUKTION VON I-123 AUS HOCHANGEREICHERTEM Xe-124

Mitarbeiter des Kurtschatow-Institutes fuer Atomenergie, Moskau und des Institutes fuer Biophysik, Moskau berichten ueber die Herstellung von I-123 durch die bekannte (γ,n)-Reaktion aus hochangereichertem Xe-124 (99,85%) bis zu Aktivitaeten von 500 mCi (18,5 GBq). Die Bestrahlungsampullen bestehen aus Nickel mit einer Wandstaerke von 1,5mm und besitzen ein Volumen von 50 cm^3. Das Xenon wird mit fluessigem Stickstoff in die Ampullen eingefroren, die dann in einen Behaelter aus rostfreiem Stahl gebracht werden. Waehrend der 10 stuendigen Bestrahlung werden die Ampullen mit Wasser gekuehlt. Die mit einem Linearbeschleuniger erzeugten Elektronen (30-45 MeV, 100-250 A) wandelt man mit Hilfe eines Wolfram-Konverters in Gammaquanten um. Nach der Bestrahlung wird das Radioiod bei 200 K an den Ampullenwandungen kondensiert und das Xenon durch umfrieren abgetrennt. Anschliessend waescht man das Radioiod mit 0,01 M NaOH-Loesung aus. Diese Alkaliloesung wird zur Synthese organischer Radiopharmazeutika benutzt. Die radiochemische Reinheit des auf diese Weise hergestellten I-123 ist hoch; der Gehalt an I-124 und I-125 liegt unter 4.10^{-3}%. Die Radioiodloesung enthaelt pro ml weniger als je 1 μg Fe und Ni sowie weniger als 0,1 μg Mn. Um die Ausbeute an I-123 zu erhoehen, wird an der Verbesserung der Konverter-Target-Kombination, sowie der Optimierung der Bestrahlungsbedingungen und des Extraktionsprozesses gearbeitet. (I.K. Kokoim et al, J. Radioanalytical Nuclear Chem. Sec. Let. 103(1986)1, 27)

Kurznachrichten / Newlets

Kernenergie:

FRANKREICH: ERFOLGREICHE VERSUCHE BEI DER U-ANREICHERUNG MITTELS LASER-PHOTOIONISATION

Im Rahmen der umfangreichen Forschungs- und Entwicklungsarbeiten des Commisariat a l' Energie Atomique (CEA) zur U-Anreicherung mittels Laser wird der Laser-Photoionisation grosse Bedeutung beigemessen. Das mit "Silva" bezeichnete Verfahren laesst besonders hohe selektive Trennungen der Isotope U-235 und U-236 erwarten und ist daher fuer die Wiederanreicherung von U interessant, das aus der Wiederaufarbeitung stammt. Die hohe Isotopen-Selektivitaet des Silva-Verfahrens konnte waehrend der Sommermonate 1985 im Kernforschungszentrum Saclay des CEA im Labormassstab bestaetigt werden. Die Versuche haben gezeigt, dass die Poenale fuer U aus der Wiederaufarbeitung aufgrund der Gehalte an U-236 bei Anwendung des Silva-Verfahrens im Vergleich zur Wiederanreicherung mittels der klassischen Verfahren in bedeutendem Masse verringert werden kann. (SVA-Bulletin (1985) 20, S. 8)

NUKLEARGETRIEBENES UNTERSEEBOOT FUER ZIVILE ZWECKE

Ein franko-kanadisches Konsortium hat es unternommen, ein grosses U-Boot mit Nuklearantrieb fuer den zivilen Sektor zu bauen. Anfang 1986 wird das Unternehmen die kanadischen Behoerden um die Betriebsbewilligung fuer den Reaktor ersuchen. Das U-Boot, Saga-N, wird der Erforschung des kanadischen Meeresbodens - auch unter der polaren Eisdecke - dienen, dies unter anderem im Hinblick auf den Bau von Erdoelleitungen. Mit einer Leistung von 1,5 Megawatt wird der Kernreaktor in der Lage sein, waehrend sieben Jahren in Betrieb zu bleiben; die Brennstoffladung betraegt dabei 5 kg angereichertes Uranium. Der Rumpf des 38 Meter langen U-Bootes wird zurzeit in den Werften von Marseille fertiggestellt. Es wird ein Gewicht von 780 t aufweisen. Zur Bedienung ist eine Besatzung von 10 Mann vorgesehen. Der Einbau des Reaktors soll 1988 erfolgen. (SVA-Bulletin (1985) 21, S. 9)

KERNENERGIE-AKZEPTANZ

64% KE-Zuspruch in Frankreich

Gemaess einer Umfrage des schwedischen Meinungsforschungsinstituts SIFO (Swedish Institute for Opinion Research) in Laendern mit Kernenergienutzung steht die Bevoelkerung in Frankreich den Kernkraftwerken am positivsten gegenueber. Den hoechsten Oppositionsanteil verzeichnen Grossbritannien und die Niederlande, waehrend in Japan die Bevoelkerung am unentschlossensten ist. Aus einer Vielzahl der gestellten Fragen ergab sich die Aussage, ob der Betreffende persoenlich fuer oder gegen die Elektrizitaetsproduktion aus Kernkraftwerken ist. Das Ergebnis in %:

	A	B	C
Frankreich	64	27	9
BRD	45	35	21
Schweden	45	37	18
Grossbritannien	45	47	8
Finnland	42	39	19
USA	40	44	16
Schweiz	38	37	25
Japan	37	24	39
Niederlande	37	46	17

A = dafuer; B = dagegen; C = unentschlossen
(Atomwirtschaft/Atomtechnik (1986) 1, S. K+U IV)

UMFRAGE IN INDUSTRIELAENDERN

Die Einstellung der Bevoelkerung zur friedlichen Nutzung der Kernenergie ist sehr unterschiedlich. Im allgemeinen haben Umfragen in den westlichen Laendern mit langer Kernenergienutzung in den letzten Jahren einen zunehmenden positiven Trend fuer die Kernenergie erkennen lassen, wie die Akzeptanz-Angaben wiedergeben. (Atomwirtschaft/ Atomtechnik (1986) 3, S. K+U IV)

FRANKREICH: STROMPREISSENKUNG DANK KKW

Seit dem 6. 12. 1985 muessen die Franzosen fuer ihre Elektrizitaetsbezuege 1% weniger bezahlen, und das in den Privathaushalten verbrauchte Gas wurde 2% billiger. In einem Abkommen mit der Regierung hatte sich die staatliche Electricité de France (EDF) im Jahre 1984 verpflichtet, allfaellige Tarifaufschlaege bis 1988 immer um 1% unter der jeweiligen Inflationsrate zu halten. Aufgrund der sehr guenstigen Kostenentwicklung bei den Kernkraftwerken und wegen des gesunkenen Dollarkurses sah sich die EDF nun sogar in der Lage, mit sofortiger Wirkung einen 1% Strompreisabschlag vorzunehmen. Aus der Produktion der Kernkraftwerke erwartet das Unternehmen fuer das laufende Jahr einen Gewinn in der Groessenordnung von FF 1 Mia. (SVA-Bulletin (1986) 1)

FRANKREICH: REGIERUNG BESTAETIGTE IHR KKW-PROGRAMM

Mit einem Schreiben an die staatliche Electricité de France (EDF) hat die franzoesische Regierung Ende Dezember 1985 ihr Programm bestaetigt, bis 1989 im Prinzip jaehrlich noch ein neues Kernkraftwerk in Auftrag zu geben. Der von Ministerpraesident Laurent Fabius unterzeichnete Brief sieht die Moeglichkeit zusaetzlicher Bestellungen lediglich fuer den Fall einer ausserordentlichen Steigerung des Bedarfs an Elektrizitaet vor und erwaehnt fuer die kommenden Jahre die Bestellung der nuklearen Dampferzeugungssysteme folgender Bloecke: Fuer 1986 Golfech-2 (1300 MW), fuer 1987 Chooz-B2 (1450 MW) und fuer

1988 Civaux-1 (1300 MW). (SVA-Bulletin (1986)3)

Endlagerung:

KANADA: STUDIEN BESTAETIGTEN SICHERHEIT DER ENDLAGERUNG IN KRISTALLINEM GESTEIN

Radioaktive Abfaelle koennen durch Einschluss in tiefen untertaegigen Kavernen im kristallinen Gestein des kanadischen Sockels sicher endgelagert werden. Mit dieser Aussage werden die bisherigen umfassenden Untersuchungen der Atomic Energy of Canada Limited (AECL) zur Endlagerung hochradioaktiver Abfaelle zusammengefasst, die in vier Anfang Oktober 1985 veroeffentlichten Berichtsbaenden beschrieben sind. Die Untersuchungen der AECL erfolgen im Rahmen des von der kanadischen Regierung veranlassten Programms zur Festlegung der Entsorgungspolitik in Kanada und dienen vorrangig dem Nachweis der sicherheitstechnischen Machbarkeit der Endlagerung radioaktiver Abfaelle. Wie bei dem von der Nagra erstellten schweizerischen Projekt "Gewaehr", unternimmt die AECL auf der Basis von experimentellen Untersuchungen, Arbeiten in einem Felslabor und Computermodellen die Beschreibung des Langzeit-Verhaltens von radioaktiven Abfaellen, die in untertaegigen Kavernen im tiefen kristallinen Gestein eingeschlossen werden. Die Sicherheit des Endlagers wird durch ein System mehrfacher Barrieren zum Schutz gegen Tiefengrundwaesser gewaehrleistet, die als einziges Medium fuer den Angriff auf die Abfallgebinde und fuer den Transport von radioaktiven Stoffen aus dem Endlager in die Biosphaere in Frage kommen. Anhand der bisherigen Analysen wird aufgezeigt, dass waehrend mehrerer zehntausend Jahre nach Einlagerung fuer die in der Naehe des Endlagers lebende Bevoelkerung ueberhaupt keine Strahlenbelastung aufgrund der gelagerten radioaktiven Abfaelle besteht und dass auch fuer die weitere Zukunft eventuelle Belastungen nur einen kleinen Bruchteil der natuerlichen Strahlenbelastung ausmachen koennen. Die veroeffentlichten Berichte betreffen die bis Ende 1984 durchgefuehrten Untersuchungen. Im Jahre 1988 soll den zustaendigen kanadischen Behoerden der Abschlussbericht vorgelegt werden. Fuer die gutachterliche Pruefung des Berichtes und fuer oeffentliche Anhoerungen ist ein Zeitraum von drei Jahren vorgesehen, damit im Jahre 1991 die kanadische Entsorgungspolitik festgeschrieben werden kann. Der Zwischenbericht (AECL Report 8373) kann vom Scientific Document Distribution Office der AECL, Chalk River, Ontario KOJ 1JO bezogen werden. (SVA-Bulletin (1986) 1, S. 16/17)

Kernphysik:

UMSTELLUNG DER FORSCHUNGSREAKTOREN AUF NIEDRIG ANGEREICHERTES U

Zur Erzielung ausreichend hoher Neutronen-Flussdichten sind Forschungsreaktoren fuer den Einsatz von hochangereichertem U ausgelegt. Derzeit gibt es weltweit annaehernd 100 Forschungsreaktoren, die mit Brennelementen arbeiten, in denen das Uran auf 90% und mehr an dem spaltbaren Isotop U-235 angereichert ist. Obwohl der Materialfluss dieses U sowie die Fertigung und der Einsatz der Brennelemente strengen, lueckenlosen Kontrollen durch die IAEA unterliegen, geht das Bemuehen dahin, das hochangereicherte U durch solches zu ersetzen, das maximal 20% U-235 enthaelt. Das Problem, dieses Ziel ohne Einbusse an Leistungsfaehigkeit der Forschungsreaktoren zu erreichen, kann dadurch geloest werden, dass man die U-Dichte im Brennelement erhoeht. Entwicklungsarbeiten haben zur Anwendung von U-Silizid mit einer Dichte von 4.75 Gramm U pro cm^{-3} gefuehrt. Testelemente mit U-Silizid bei einer Anreicherung von rund 20% U-235 sind seit 1982 im Einsatz. Nunmehr wird der erste Forschungsreaktor, der Oak Ridge Research Reactor (ORR), voll auf die neuen Brennelemente umgestellt. An der Lieferung dieser Brennelemente sind neben Babcock & Wilcox auch zwei europaeische Hersteller beteiligt, naemlich die franzoesische Cerca und die westdeutsche Nukem, die beide je 20 Brennelemente geliefert haben. Auch das Eidgenoessische Institut fuer Reaktorforschung (EIR) in Wuerenlingen wird im Maerz 1986 zehn solche Brennelemente erhalten, mit denen der stufenweise Uebergang des Betriebes des Saphir-Reaktors von hochangereichertem zu niedrig angereichertem Uran getestet werden soll. (SVA-Bulletin (1986) 3, S. 6)

Atomsicherheit:

UF_6-TRANSPORT; KLAGE GEGEN REEDER DER "MONT LOUIS"

Nach Aussagen des belgischen Verkehrsministers De Croo soll der Reeder des im August 1984 vor der belgischen Kueste nach einer Kollision gesunkenen franzoesischen Frachters "Mont Louis" auf Schadenersatz verklagt werden. Die Bergung der 30 mit UF_6 gefuellten Faesser sowie von Teilen des Havaristen haben dem belgischen Staat bisher rd. 17 Mio. DM gekostet. (Atomwirtschaft/Atomtechnik 31(1986)2, S. K+U III)

UF_6-UNFALL BEI KERR McGEE

Am 4.1.86 ereignete sich in einem Werk der Sequoyah Fuels, einem Tochterunternehmen der Kerr McGee Corp., ein UF_6-Unfall, bei dem ein Arbeiter getoetet und mehr als 80 zur Behandlung oder Beobachtung in Krankenhaeuser gebracht wurden. Die meisten der zur Untersuchung eingelieferten Mitarbeiter konnten nach kurzer Zeit wieder entlassen werden. Der Unfall in Gore im Bundesstaat Oklahoma ereignete sich in einer Urankonversionsanlage. Nach Informationen aus den USA wurde ein Behaelter vom Typ 48y, der fuer den Transport nichtangereicherten UF_6 routinemaessig verwendet wird, ueberfuellt. Anstelle der zulaessigen Hoechstmenge von 12470 kg sei der Behaelter mit 13280 kg gefuellt worden. Zur Korrektur der Ueberfuellung wurde der Behaelter aufgeheizt und barst. Ein 25jaehriger Arbeiter, der sich z.Z. des Unfalls auf einer Hebebuehne oberhalb des Behaelters befand, starb infolge des Einatmens von Fluorwasserstoffsaeure. Das entweichende Gas breitete sich nach amerikanischen Angaben in einem Umkreis von 30 km aus und drang durch die Klimaanlage in das Werksinnere ein. Bis auf neun Betroffene waren alle Verletzten Werksangehoerige. Nach letzten Meldungen soll der Ausgangspunkt fuer den Unfall das Versagen einer Waage gewesen sein. (Atomwirtschaft/Atomtechnik 31(1986)2, S.62)

Umwelt:

WARNUNG VOR KLIMAKATASTROPHE

Der Arbeitskreis Energie der Deutschen Physikalischen Gesellschaft e.V. hat auf einer Pressekonferenz eindringlich vor einer nahen, drohenden Klimakatastrophe gewarnt. Bedingt wird diese durch den weltweit rapide steigenden Gehalt der Luft an CO_2 und einigen weiteren Spurengasen, wie O_3,N_2O und diversen Kohlenwasserstoffen. Verursacht wird der Anstieg durch Verbrennung von Kohle, Erdoel und Erdgas, durch Waldrodungen, Bodenerosion sowie diverse industrielle und landwirtschaftliche Taetigkeiten. Die genannten Gase lassen das Sonnenlicht ungehindert auf die Erde einfallen, behindern aber die Waermeabstrahlung der Erde in den Weltraum nachhaltig (Treibhauseffekt). Es bestehe der begruendete Verdacht, dass bei weiterer Anreicherung der Luft an diesen Spurengasen schon innerhalb der naechsten Jahre (50-100) die mittlere Temperatur auf der Erde um mehrere Grad ansteigen wird. Zur Abhilfe wird u.a. die verstaerkte Nutzung nicht auf Verbrennung beruhender Primaerenergien, vor allem Kernenergie und Sonnenenergie, empfohlen. (Atomwirtschaft/Atomtechnik 31(1986)2, S. K+U III)

Kernenergie:

SPANISCH-CHINESISCHES NUKLEARABKOMMEN UNTERZEICHNET

Spanien und die VR China haben in der zweiten Oktoberhaelfte ein Abkommen ueber die wissenschaftliche und technische Zusammenarbeit auf dem Gebiet der friedlichen Nutzung der Kernenergie unterzeichnet. Die Vertragsunterzeichnung erfolgte in Madrid anlaesslich eines Besuchs des Vorsitzenden der chinesischen Kernenergie-Sicherheitsbehoerde,Jian Shengjie.(SVA-Bulletin (1985) 20)

Veröffentlichungen / Publications

STAATLICHES AMT FUER ATOMSICHERHEIT UND STRAHLENSCHUTZ

SAAS-331
External occupational exposure in the GDR in 1984 - pp 16, 1985, W. Roth

SAAS-332
Selecting metallic canister materials for disposal of high-level radioactive wastes in rock salt formations - pp 42, 1985, E. Mueller, H. Riedel

SAAS-333
The State systems of accounting for and control of nuclear material (SSAC) of the German Democratic Republic - as of December 1984 - English version of SAAS-330 - pp 48, 1985, W. Roehnsch et al

SAAS-335
Computer-based system of accounting for and controil of nuclear material at the "Bruno Leuchner" NPP, Greifswald (in Russian) - pp 23, 1985, K. Perger et al

SAAS-336
Application of IAEA seals to spent-fuel cooling ponds at the "Bruno Leuschner" NPP, Greifswald - pp 19, 1985, M. Burmester et al

SAAS-337
Automatic image processing as a means of safeguarding nuclear material - pp 14, 1985, W. Kahnmeyer et al

SAAS-338

Nuclear energy - overview of development trends summary report of a paper presented by Leonard Konstantinov (in English) - pp 33, 1985

Veranstaltungskalender — Tagungen — Lehrgänge / Calendar — Meetings — Courses

FABRITEC 86
Fabritec 86 - alles fuer die Fabrikation in der Elektronik
Im Jahre 1984 wurde die Fabritec, Internationale Fachmesse fuer Fabrikationseinrichtungen in der Elektronik, aus der Taufe gehoben. Sie erwies sich auf Anhieb als eine fuer den schweizerischen Markt unentbehrliche Veranstaltung. Angesichts der internationalen Entwicklungen auf dem Gebiet der Elektronikfabrikation darf mit einem entscheidenden Wachstum der Messe gerechnet werden. Vor allem auf dem Gebiet der Halbleiter- und Chipproduktion sprechen sowohl die neuen technischen Moeglichkeiten als auch die steigende Nachfrage fuer eine bedeutende Mehrbeteiligung der Hersteller an der Fabritec. Fabritec-86 vom 9.-13.9.86; Sekretariat Fabritec 86, c/o Schweizer Mustermesse, Postfach, CH-4021 Basel/Schweiz

SWISSDATA 86
Swissdata 86 - Treffpunkt der Computerwelt
Die Entwicklung der Datenverarbeitung in den letzten Jahren ist enorm, und ein Ende nicht abzusehen. Entsprechend gross ist denn auch das Informationsbeduerfnis bei Fachleuten und Laien. Als Treffpunkt fuer die Computerwelt kuendigt sich fuer den 9. bis 13. September 1986 in den Hallen der Schweizer Mustermesse in Basel die SWISSDATA 86, 5. Fachmesse fuer Datenverarbeitung in Industrie, Technik und Forschung an. Swissdata 86 - vom 9.-13.9.86; Sekretariat Swissdata 86, Postfach, CH-4021 Basel/Schweiz

INTERNATIONALE LEIPZIGER HERBSTMESSE '86
vom 31.8. bis 6.9.1986 in Leipzig/GDR

Ausgewählte Beiträge / Recently published papers

ATOMNAJA ENERGIJA 60(1986)5 (all in Russian)
The effect of phosphorus and copper on the radiation embrittlement of low-alloy welds of variable composition - A.D. Amayev et al

Analysis of errors due to unfolding neutron spectra measures by the activation method - A.I. Voitov et al

Activation of Zr, Nb and Ta in a cyclotron - I.O. Konstantinov et al

On the possibility of I-123 production by irradiation of Xe-124 with 20-30 MeV protons - B.V. Zhuravlev et al

Using spectrometry of prompt gamma-radiation for remote dosimetry of neutrons - G.I. Borisov

Status and perspectives for the development of radiation shielding physics - V.P. Mashkovich

Accounting for photofission effects in gamma-activation analysis - M.G. Dacydov

Calculation of errors in burnout control experiments during water flow in pipes - O.A. Zyatnina, A.A. Ivashkevich

JADERNA ENERGIA 31(1985)12 (all in Czech)
Development of devices for application of low-energy sources of radiation in defectoscopy of small thickness material - S. Mahelka, O.Jermář

Innovated alpha-spectrometric ionization chamber an its usage - S. Sáro, M. Pikna

Mathematical model of X-ray emission in medium with inhomogenities foranalytical purposes - P. Habrman

REPROCESSING NEWS, KARLSRUHE (1985) 7
Bedeutung und Moeglichkeit der Rezyklierung von Plutonium

Industrielle Wiederaufarbeitungsanlage fuer die BRD

Verringerung der Abteilungen, Erreichtes und Ziele der BNFL

Kurznachrichten:
Frankreich: LWR-Wiederaufarbeitung in La Hague bei Nominalkapazitaet

Belgien/BRD: PAMELA-Verglasungsanlage in aktivem Betrieb

Frankreich: Kontinuierlicher Aufloeser fuer neue Anlage in La Hague

Japan: Tokai-mura Wiederaufarbeitungsanlage wieder in Betrieb

WISSENSCHAFT UND FORTSCHRITT 35(1985)11
Laser - Photochemie - D. Kreysing

Weltweite klimatische Folgen eines Kernwaffenkrieges - V.V. Aleksandrev et al
(Uebersetzung eines Artikels aus Ambio 13(1984)236)

Neue experimentelle Ergebnisse - neue theoretische Arbeitseichtungen (Hochenergiephysik) - J.Ranft

Hermann Weyl 1885-1955 - O. Neumann

ATOMKERNENERGIE/KERNTECHNIK 46(1985)4
Energie und Umwelt - Luftreinhaltepolitik und die zukuenftige Energieversorgung - A. Voss; R. Friedrich

Neutronenstroemung in Hohlraeumen - K. Neumann et al

SASYST, ein System zur Simulation technischer Anlagen - F. Schmidt et al

Neutronentomographie zur zerstoerungsfreien Werkstoffpruefung - G. Pfister et al

Diffusionsgeschweisste Testkoerper mit kuenstlichen Fehlern fuer die Weiterentwicklung zerstoerungsfreier Pruefverfahren in der Kerntechnik - H.G. Mayer, G. Haufler

Die Tanklagerung hochradioaktiver Abfall-Loesungen aus der Aufarbeitung ausgedienter Brennelemente - E. Gelfort et al

ATOM (1985) 348

Dounreay - the background - C.W. Blumfield

Dounreay and Caithness - L. Rowe

The prototype fast reactor - A.M. Broomfield

Fuel cycle operations at Dounreay - O. Pugh

Research and development at Dounreay - R.Anderson

Health and Safety at Dounreay - J. Arkley

ATOM (1985) 349

Engineering problems associated with decommissioning WAGR - A.L. Adams

More electricity generation options from alternative sources

UKAEA - towards a trading fund

No evidence of increased cancer

Uranium Institute Symposium

Fast reactors approach commercial deployment

ATOM (1985) 350

Underlying research into digital image processing and analysis - S.F. Burch

The handling of spent AGR fuel into a long term dry store

Inspection of ILW monoliths by high energy radioscopy

ATOMWIRTSCHAFT/ATOMTECHNIK 30 (1985) 12

Die Brutrate bei europaeischen Brueterkraftwerken - W. Marth

IAEA 1985: Sicherungskontrolle weiterhin Hauptaufgabe - K.A. Keltsch

Kernenergiestatistiken

"Besondere Vorkommnisse" in den Kernkraftwerken der BRD 1984

Geplante Inbetriebnahmen von Kraftwerken in der BRD ab 1985

Kernenergie in der Weltelektrizitaetserzeugung 1983

Erfahrungen mit der Ausbildung am ersten Vorkonvoi-Simulator - W. Brand et al

J. RADIOANAL. NUCL. CHEM. LET. 96(1985)1

An improved method for the potentiometric determination of plutonium using cerium (IV) as an oxidant - G.R. Mahajan et al

Useful transformation of a radiation field - I. Petr

Determination of manganese by radiochemical displacement - B. Rangamannar et al

Estimation of the volume neutralization effect on the ion decay in irradiated liquids - E. Mueller, W. Naumann

J. RADIOANAL. NUCL. CHEM. LET. 96(1985)2

Nitrogen determination in plant samples by fast neutron activation analysis - R.L. Soto Moran, S. Szegedi

A rapid and high-yield aqueous phase preparation procedure for I-123-labelled meta-iodobenzylguanidine - P.A.P.M. van Doremalen, A.G.M. Janssen

Cs-137 content in blood of Taiwan residents - P.S. Chang et al

Characteristics values of a detector in a radiation field - I. Petr

Effect of in-situ γ-radiation on the sorption properties of hydrous oxides - B. Venkataramani, A.R. Gupta, R.M. Iyer

Directional characteristics of a detector - I. Petr

A new production method for carrier-free Tl-201 using IEN'S cyclotron in Rio de Janeiro - J.L.Q. de Britto et al

An accurate method for the determination of copper in biological materials by NAA and extraction chromatography - R. Dybczynski et al

J. RADIOANAL. NUCL. CHEM. LET. 96 (1985) 3

Simultaneous activation determination of Al, Mg and Si in rocks, glasses, and pottery - I. Penev et al

Calculation method in activation analysis for determination of two different radionuclides with almost the same γ-energy - A.S. Szabo

A technique for reducing interferences in epithermal neutron activation analysis - R.K. Tokay et al

Potentiometric determination of uranium in the presence of Pu in H_2SO_4 medium - N. Gopinath et al

Self-radiolysis of iodobenzene labelled with I-125 - P. Uenak, T. Uenak

Optimization of bombardment conditions of the Bi-209 (α2n) cyclotron production of At-211 - F. Roesch et al

Synthesis and characterization of cationic astatine compounds with sulphur-containing ligands stable in aqueous solutions - R. Dreyer et al

J. RADIOANAL. NUCL. CHEM. LET. 96 (1985) 4

Moessbauer study of interphase formation at the interface of electrodeposited tin on silver and platinum - H. Mehner

Determination of sulphur in fly ash by instrumental proton activation analysis - K. Strijckmans, N. De Brucker, C. Vandecasteele

Application possibilities of a new generator concept for Tc-99m production by means of the Triga-Mark III reactor in Mexico - K. Svoboda et al

Effect of R-25788 antidote on the uptake, translocation and metabolism of acetochlor herbicide by corn - I. Jablonkai, F. Dutka

Some considerations on the treatment of the kinetic data of heterogeneous isotope exchange - J. Koernyei et al

Simultaneous determination of zinc, iron and chlorides in radiopharmaceutical gallium (Ga-67) citrate injections by FSDP or DP polarography - V. Papez, J. Vecernik

REPORT ON PROGREE IN PHYSIKS 48 (1985) 10

Method for counting gas atoms with isotopic selectivity - G.S. Hurst et al from the Western countries were concerned with alcoholic liver disease. Studies in our country are scarce and were mainly done on cases of hepato-splenic schistosomiasis [9, 10]. Also, in at least one of these studies the estimation of rT_3 level in serum was not available.

The present work was performed to study the serum levels of T_3, rT_3, T_4 and TSH in the prevalent types of chronic hepatic diseases in Egypt.

Material and Methods

Thirty-six patients with clinical evidence of chronic liver disease and with no previous or present history suggestive of thyroid troubles were studied. Ten apparently normal control subjects of matching ages were studied similarly. The patients included 20 males and 16 females; their age ranged from 23 to 51 years with a mean of 33·08 years ±6·12 (mean ±1 S.D.). The control group comprised 6 males and 4 females with a mean age of 33·4 years ±2.4. Both groups were investigated according to the following:

1) Clinical examination
2) Laboratory investigations

a) Complete analysis of urine and stool specimens.
b) Complete blood picture and erythrocytic sedimentation rate (E.S.R.).
c) Liver function tests: estimation of serum levels of bilirubin, glutamic oxalacetic transaminase (SGOT, asparate aminotransferase), glutamic pyruvic transaminase (SGPT, alanine aminotransferase), gamma glutamyl transferase (GT) and alkaline phosphatase, plasma proteins and A/G ratio.
d) Study of thyroid function: by estimation of serum levels of the following hormones by radio-immune assay (RIA):
   i) Triiodothyronine (T_3)[1])
   ii) Thyroxine (T_4)[1])
   iii) Reverse T_3 (rT_3)[2])
   iv) TSH[3])

3) Percutaneous needle liver biopsy for the group of chronic liver disease using the Tru-Gut needle (Travenol) by a right intercostal approach in the mid-axillary line after fulfilling the standard criteria for a liver biopsy [11].

Results

1) Clinical data

Jaundice was noticed in 10 patients (27·77%), a palpable liver in 32 patients (88·88%), with its lower border varying from 3 to 9 cm. below the costal margin in the right midclavicular line and a palpable spleen varying from 2 to 15 cm below the costal margin in 30 patients (73·33%). Ascites was detected in 10 patients (27·77%).

2) Clinico-pathologic classifications

According to the results of clinical examination, laboratory investigation and histopathologic study of liver biopsy specimens the patients could be classified into four main groups (Tab. 2).

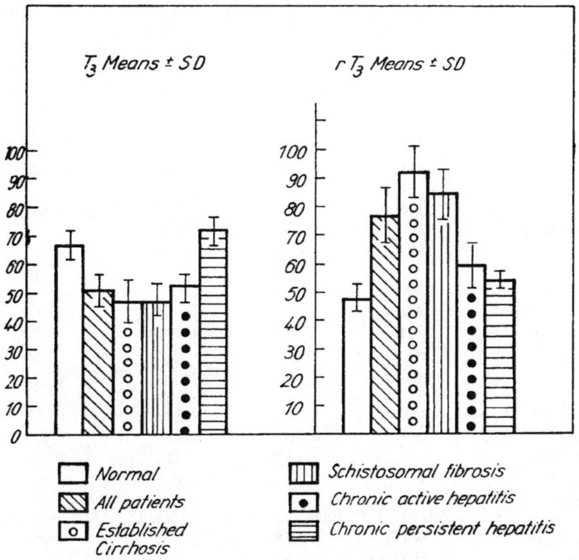

Fig. 1. Serum triiodothyronine (T_3) and reversed triiodothyronine in normal subjects and patients with liver diseases

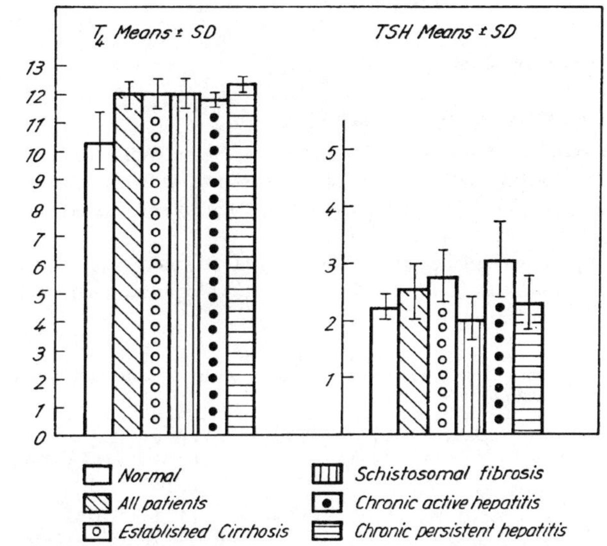

Fig. 2. Serum tetraiodothyronine (T_4) and thyroid stimulating hormone (TSH) in normal subjects and patients with liver diseases

Tab. 1. Clinico-pathologic classification of 36 patients with chronic liver disease

Group	No.	Positive orcein staining for hepatitis B S Ag.	
		No.	Percent
I – hepatic schistosomiasis	12	–	–
II – established cirrhosis	11	6	55·55
a – micronodular	2	1	50·00
b – macronodular	1	1	100·00
c – mixed	8	4	50·00
III – chronic active hepatitis	8	5	62·50
IV – chronic persistent hepatitis	5	2	40·00
total	36	13	36·11

[1]) Immunochem. Covalent Coat TM RIA Kit produced by Kallestad Lab. In

[2]) Kits supplied by Biodata

[3]) Kits supplied by RSL

Tab. 2. Summary of liver function tests in patients and control groups

Group	Data	Serum bilirubin mg. %	Plasma proteins			SGPT	SGOT	GT	Alk. phosphatase
			Total g. %	Albumin g. %	Globulin g. %	u/ml	u/ml	I.U./ml	K.A.U.
normal	Mean	0·90	6·94	4·01	2·93	11·20	10·40	10·40	7·364
(10)	S.D. ±	0·117	0·383	0·292	0·163	2·251	2·503	2·988	2·579
all	Mean	1·50	7·125	3·227	3·869	33·166	32·305	29·611	14·833
patients	S.D. ±	0·284	0·623	0·524	0·423	26·347	24·077	24·82	4·404
(36)	T value	6·487	0·739	4·51	6·8336	2·6126	2·885	2·423	5·097
	$P <$	0·001	N.S.	0·001	0·001	0·02	0·01	0·05	0·001
established	Mean	1·709	6·936	2·809	4·127	31·0	22·363	18·273	14·901
cirrhosis	S.D. ±	0·246	0·405	0·378	0·185	9·154	2·843	5·524	4·636
(11)	T value	9·456	0·023	8·086	15·660	6·645	10·188	4·00	4·536
	$P <$	0·001	N.S.	0·001	0·001	0·001	0·001	0·001	0·001
hepato	Mean	1·216	7·333	3·458	3·875	20·75	19·25	16·333	14·50
splenic	S.D. ±	0·298	0·535	0·368	0·245	7·212	4·535	5·473	3·801
schisto	T value	3·147	1·942	3·837	10·408	4·082	2·817	3·061	5·039
somiasis	$P <$	0·01	0·1	0·01	0·001	0·001	0·02	0·01	0·001
(12)									
chronic	Mean	1·687	6·887	3·057	3·837	79·0	75·125	73·875	18·500
active	S.D. ±	0·203	0·569	0·463	0·358	20·479	14·357	12·776	2·449
hepatitis	T value	10·340	0·235	5·298	7·175	10·4	14·090	15·306	9·305
(8)	$P <$	0·001	N.S.	0·001	0·001	0·001	0·001	0·001	0·001
chronic	Mean	1·22	7·42	3·88	3·34	16·00	16·80	14·80	9·600
persistent	S.D. ±	0·083	1·08	0·258	0·743	0·847	2·88	2·863	2·073
hepatitis	T value	5·425	1·021	0·842	1·725	4·538	4·45	2·723	1·677
(5)	$P <$	0·001	N.S.	N.S.	0·01	0·001	0·001	0·02	0·1

N.S.: non-significant

3) *Laboratory data*

a) *Stool and urine analysis.* Ova of Schistosom amansoni were found in the stools of 10 patients and of haematobium in the urine of a patients and combined mansoniasis and haematobiasis in 2 patients.

b) *Blood picture and E.S.R.* Apart from raised E.S.R. in 7 patients, no significant haematologic abnormalities could be found.

Tab. 3. Summary of thyroid function tests in patients and control groups

Group	Data	T_3 ng/dl	T_4 ng/dl	rT_3 ng/dl	TSH uI.U./ml
normal	Mean	134·0	10·4	47·7	2·27
(10)	S.D. ±	21·15	2·44	11·59	0·28
	Range	110 – 170	7·0 – 15·0	30 – 59	1·8 – 2·8
all	Mean	103·36	12·194	76·86	2·603
patients	S.D. ±	32·45	4·755	22·003	1·017
(36)	Range	48 – 169	7 – 28	38 – 120	1·2 – 6·2
	P <	0·01	N.S.	0·001	N.S.
estabslihed	Mean	93·0	12·18	91·73	2·854
cirrhosis	S.D. ±	37·33	5·66	18·67	0·518
(11)	Range	48 – 150	7 – 28	65 – 120	2·4 – 3·8
	P <	0·01	N.S.	0·001	0·01
schistosomal	Mean	94·08	12·333	84·58	2·058
fibrosis	S.D. ±	25·49	5·466	16·64	0·746
(12)	Range	55 – 140	7 – 25	55 – 101	1·2 – 3·4
	P <	0·001	N.S.	0·001	N.S.
chronic	Mean	105·0	11·875	59·125	3·225
active	S.D. ±	21·38	3·314	17·02	1·449
hepatitis	Range	75 – 135	7 – 16	38 – 90	2 – 6·2
(8)	P <	0·01	N.S.	N.S.	0·1
chronic	Mean	145·80	12·40	54·00	2·360
persistent	S. D. ±	18·18	3·21	5·15	1·128
hepatitis	Range	120 – 169	8 – 16	48 – 62	1·3 – 4·0
(5)	P <	N.S.	N.S.	N.S.	N.S.

N.S.: non significant

c) *Liver function tests.* A rise of serum levels of bilirubin, globulins, SGOT and SGPT together with a drop in albumin level was noticed in the group of chronic liver disease as a whole. The maximum rise in serum enzymes was noticed in the group of chronic active hepatitis. The patients with established cirrhosis showed the maximum changes in most of the parameters of liver functions other than serum enzymes. This was follwed by those of chronic active hepatitis, hepato-splenic schistosomiasis and chronic persistant hepatitis in that descending order of frequency (Tab. 1).

d) *Thyroid function tests.* On the whole, patients having chronic liver disease showed a tendency for T_3 to be lower than controls. In contrast, the serum levels of T_4, rT_3 and TSH were higher than normal controls. The changes were more marked in T_3 and rT_3 levels as compared to the control group ($P < 0{\cdot}01$ and $0{\cdot}001$ respectively). Significant changes in the serum levels of T_3, rT_3 and TSH together were only noticed in the subgroup of established cirrhosis. A drop in serum T_3 level was also noticed in cases of hepato-splenic schistosomiasis and chronic active hepatitis which was highly significant in the former group ($P < 0{\cdot}001$ and $0{\cdot}01$ respectively). Variable changes in the other hormones were also noticed in the latter two groups. No significant changes could be found in the group of chronic persistent hepatitis (Tab. 3).

Discussion

The present study shows that despite the absence of any clinical evidence of thyroid disorders there were variable changes in serum levels of thyroid hormones and TSH particularly in the first three subgroups (established cirrhosis, hepatic schistosomiasis and chronic active hepatitis).

Decreased T_3 level in our patients is in agreement with other reports on cases of severe alcoholic liver disease

[6, 12—16], post-hepatitic cirrhosis and hepato-splenic schistosomiasis [9, 10]. A decreased serum T_3 level can be due to a primary thyroid disease, increased peripheral clearance due to reduction in thyroid hormone binding [17] or to decreased peripheral conversion of T_4 to T_3 [18]. Since, there was no evidence of a primary thyroid disease in our cases, the decreased serum T_3 level is probably due to peripheral mechanisms. This is in agreement with the observation that patients with cirrhosis have a reduced peripheral conversion of T_4 to T_3 [4, 14, 16]. Furthermore, patients with advanced liver cirrhosis, when given T_4 failed to normalize their serum T_3 level [14]. Also, in-vitro and in-vivo studies have suggested that one of the highest deiodination activities per gram tissue is found in the liver [8, 19—21]. Perfused liver and liver tissue culture were shown to convert T_4 to T_3 [22]. Thus, the presence of reduced T_3 in patients with chronic liver disease is compatible with the postulate that the liver is a major site of peripheral conversion of T_4 to T_3.

The decreased serum proteins, particularly albumin may have also contributed, to some extent, to the decreased T_3 level since all but a small fraction of T_3 is bound to serum proteins [23].

Also, the presence of inhibitors of thyroid hormone binding in the sera of these patients was suggested as contributing in lowering serum T_3 level [23].

The presence of decreased T_3 and raised rT_3 in chronic liver disease, particularly in established cirrhosis and hepato-splenic schistosomiasis may mimic other types of the so-called "low T_3 high rT_3 syndrome". A similar situation has been also described in new-born infants [24], in elderly subjects [7, 25—27], and in cases of caloric restriction associated with malnutrition and weight less [7, 15, 28, 29].

The presence of decreased serum T_3 and raised rT_3 levels in patients with chronic liver diseases, particularly in cases of established cirrhosis and hepato-splenic schistosomiasis points to the important role which the liver plays in the pathogenesis of these changes. Since, the liver is known to be a major organ in peripheral monodeiodination of the phenolic (outer) ring of T_4 which results in T_3 formation [8, 30], long-standing and/or severe liver disease may lead to decreased T_3 production. It has been also found that under certain circumstances serum T_3 and rT_3 concentrations change in opposite directions [31]. Thus, we can assume that in chronic liver disease there are alterations in the metabolism of T_4 whereby the monodeiodination of phenolic ring of T_4 to rT_3 is decreased whereas that of the inner ring of T_4 to T_3 is well maintained or increased. A similar mechanism has been suggested in new-born [32].

Regarding T_4 level, it was slightly higher in the patients group than the control ($P < 0{\cdot}1$). Others found variable results ranging from normal [33] to highly elevated serum levels [13, 17, 34]. This finding cannot be ascribed to changes in serum proteins since albumin, which is an important thyroid binding protein, was markedly depressed rather than being protein, was markedly depressed rather than being elevated. An augmented thyroid secretion, in response to reduced T_3 level is the most likely explanation [23]. Thus, patients with chronic liver disease whose T_3 production is reduced due to impaired peripheral conversion of T_4 to T_3 and accelerated conversion to rT_3 can compensate and maintain a normal serum concentration of T_4 more efficiently than normal T_3 concentration.

Raised serum TSH level was found in our cases which was more evident in patients with established cirrhosis and chronic active hepatitis. Other workers found variable results ranging from normal [16] to high levels [12, 34]. In one of these studies baseline TSH failed to rise markedly in response to TRH [34]. In Egypt *Ghareeb* et al. [9] found in patients with hepato-splenic schistotosmiasis a three fold increase in baseline secretion which rose further markedly after TRH administration. In another study variable responses to TRH administration were noted suggesting a variety of possible alterations in the hypothalamic-pituitary system in patients with chronic liver disease [12, 16]. In the present study, the rise in TSH level was most marked in cases of established cirrhosis which is in agreement with other workers who noticed elevated TSH only in patients with advanced liver disease [6, 18].

In spite of the raised mean TSH level, in comparison to the control group, no case exceeded the upper normal limits. It is possible that the slightly raised T_4 level was sufficient to keep the patients in an euthyroid state and the basline TSH in the normal range. Also, the chronic state of T_3 deficiency may had altered the T_3 receptors in the pituitary resulting in failure of the normal feedback regulation [35]. Also, the presence of a normal level of thyroid effect may had resulted in lack of rise of TSH level in the presence of low serum T_3 level. The pituitary has a particularly active T_4 5′ deiodinating system and is less dependent on circulating T_3 than other tissues [5].

Comparing the resuls of thyroid functions of various subgroups of chronic hepatic diseases in the present series as well as of severe alcoholic liver disease in other series shows that the differences between them are rather quantitative than being qualitative. The higher degree of changes in cases of established cirrhosis than those of chronic active hepatitis in our cases is probably due to the shorter duration of the latter illness. In other words, the changes in thyroid function tests cannot be related to a particular type of hepatic disease but rather to the severity and/or duration of the illness. Also, disturbed thyroid functions in these patients were not associated with clinical evidence of thyroid troubles. So, the finding of abnormal thyroid function tests in patients with chronic liver disease should not be considered as diagnostic of thyroid disorder particularly in the absence of other evidence of the latter illness. Interpretation of thyroid function tests, under such circumstances, should be made in the light of clinical, laboratory and histopathologic data of the liver in these patients.

Summary

Thirty-six patients with chronic hepatic diseases and ten normal control subjects with matching ages were studied by various clinical, laboratory and histopathologic means. On the basis of histopathologic examination of liver biopsy specimens the thirty-six patients included in the present study could be classified into four groups: hepato-splenic schistosomiasis (12 patients), established cirrhosis (11 patients), chronic active hepatitis (8 patients) and chronic persistent hepatitis (5 patients). Estimation of serum levels of thyroid hormones and TSH showed that the average values for rT_3 ,T_4 and TSH were higher in the group of chronic liver disease, as compared to the controls. In the meantime, the average value of T_3 for those presenting with liver affection was lower than the controls.

These differences were more marked in T_3 and rT_3 levels. The severity of changes was most marked in the group of established cirrhosis followed by that of hepato-splenic schistosomiasis and chronic active hepatitis in that order of frequency. Minimal changes were detected in cases of chronic persistent hepatitis. However, no clinical evidence of thyroid troubles could be found in any of the patients. So, interpretation of thyroid functions in patients with chronic liver disease should be made in relation to the state of liver condition as guarded be various clinical, laboratory and histopathologic means.

Received May 15, 1985

References

[1] *L. E. Braveman, S. H. Ingbar, K. Sterling*, J. Clin. Invest. **49** (1970) 855

[2] *I. J. Chopra, J. H. Dassault, D. A. Fisher, D. H. Solomon*, Clin. Res. **19** (1970) 560

[3] *D. A. Fisher, I. J. Chopra, J. H. Dassault*, Endocrin. **91** (1972) 1141

[3] *S. Nomura, C. S. Pittman, J. B. Chambers, M. W. Buck, T. Shimizu*, Clin. Invest. **56** (1975) 643

[5] *J. E. Silva, T. E. Dick, P. R. Larsen*, Endocrin. **103** (1978) 1196

[6] *I. J. Chopra*, J. Clin. Invest. **54** (1974) a 583

[7] *H. A. Rubenstein, V. P. Butler, S. C. Werner*, J. Clin. Endocrinol. Metabol. **37** (1973) 247

[8] *I. J. Chopra*, Endocrinology **101** (1977) 453

[9] *A. M. Ghareeb* et al., Ain-Shams Med. J. **31** (1981) 75

[10] *M. S. Ibraheim, M. H. Abdel-Aal, A. M. El-Hawy, F. E. Amara, A. Khairat*, J. Egypt. Med. ass. **62** (1979) 391

[11] *G. H. M. Sadler, P. J. Whorwell*, in Liver and Biliary Disease, Ed. *R. P. Wright*, 417 Saunders Co. 1979

[12] *J. R. B. Green, E. J. Snitcher, N. G. Mewatt*, Clin. Endocrinol. **7** (1977) 453

[13] *Y. Iareal, P. C. Walfish, H. Orrego, J. Blake, H. Kalant*, Gastroenterology **76** (1979) 116

[14] *N. Sotsue, T. Shimizu*, J. Clin. Invest. **56** (1975) 643

[15] *B. Vinconze, G. C. Schussler, T. Kaplan*, J. Clin. Endocrinol. Metabol. **54** (1982) 1229

[16] *P. G. Walfish, O. Orrego, Y. Israel, H. Kalant*, Ann. Int. Med. **91** (1979) 13

[17] *M. Inada, K. Sterling*, Clin. Invest. **46** (1967) 1275

[18] *S. Nomura, J. B. Chambers, M. W. Buck, G. Thurston, C. S. Pittman*, Clin. Res. **22** (1974) 62

[19] *R. R. Cavalieri, M. Steinberge, G. L. Searle*, J. Clin. Invest. **49** (1970) 1041

[20] *I. J. Chopra, S. Y. Wu, Y. Nakamura, D. H. Solomon*, Endocrinol. **102** (1978) 1099

[21] *E. V. Flock, C. A. Oweb*, Amer. J. Physiol. **209** (1965) 1039

[22] *K. Sterling, M. A. Brenner, V. F. Saldanah*, Science **179** (1973) 1000

[23] *I. J. Chopra, E. David, G. N. Chua-Teco*, J. Clin. Endocrinol. Metabol. **36** (1973) 311

[24] *I. J. Chopra, J. Sack, D. A. Fisher*, J. Clin. Invest. **55** (1975) a 1137

[25] *J. Hermann, H. J. Rusche, H. J. Kroll, P. Hilger, H. L. Kruskemper*, Horm. Metabol. Res. **6** (1974) 239

[26] *R. D. Hesch, J. Gatz, J. Pape, E. Schmidt, A. Muhlen*, Europ. J. Clin. Invest. **6** (1976) 139

[27] *U. Westergren, A. Burger, S. Ingemanasson, A. Melander, S. Tibblin, E. Wahlin*, Acta Med. Scand. **200** (1976) 493

[28] *I. J. Chopra, U. Chopra, S. R. Smith, M. Roza, D. H. Solomon*, J. Clin. Endocrinol. Metabol. **41** (1975) b 1043

[29] *A. A. Hafiez, E. Abdel-Salam, E. Z. Abbas, F. A. Halawa, N. El-Hefnawy*, Isotopenpraxis **20** (1984) 293

[30] *C. S. Pittman, J. B. Chambers, V. H. Read*, J. Clin. Invest. **50** (1971) 1187

[31] *J. McConnon, V. V. Row, R. Volpe*, J. Clin. Endocrinol. Metabol. **34** (1972) 144

[32] *I. J. Chopra, U. Chopra, D. H. Solomon*, J. Clin. Endocrinol. Metabol. **41** (1975) c 41

[33] *F. L. Hoch*, 48th Meeting of the American Thyroid Association 1972

[34] *I. J. Chopra, D. H. Solomon, U. Chopra, R. T. Young, J. N. Chua-Teco*, J. Clin. Endocrinol. **39** (1974) b 501

[35] *R. R. Cavalieri, B. Rapoport*, Ann. Rev. Med. **28** (1977) 57

Isotopenpraxis 22 (1986) 6, S. 212 bis 214

Fractionation Effect in Surface Diffusion of Potassium Isotopes on Tungsten

L. Gladyszewski

(Institute of Physics, M. Curie-Skłodowska University, Lublin, Poland)[1]

The isotope effect has been measured for surface diffusion of potassium isotopes on polycrystalline tungsten using ion thermoemission noise method. It has been noted that the isotopic ratio $^{41}K/^{39}K$ obtained by measurement of noise component is different from isotopic ratio for DC component. This shift was interpreted as isotope fractionation effect in surface diffusion of adsorbed potassium. It was found that the spectral density function of the ion current fluctuation can be approximate by the Lorentzian function $S = S_0/1 + (\omega\tau)^2$.

Unter Verwendung der Thermoionenemissions-Rauschmethode wurde der Isotopieeffekt von Kalium-Isotopen bei der Oberflächendiffusion an polykristallinem Wolfram gemessen. Es wurde festgestellt, daß das Isotopenverhältnis von $^{41}K/^{39}K$, das als Rauschkomponente gemessen wurde, sich vom Isotopenverhältnis der Gleichstromkomponente unterscheidet. Diese Verschiebung wurde als Isotopenfraktionierung der Oberflächendiffusion von adsorbiertem K interpretiert. Es wurde gefunden, daß die spektrale Dichtefunktion der Ionenstrom-Fluktuationen mit Hilfe einer Lorentz-Funktion $S = S_0/1 + (\omega\tau)^2$ angenähert werden kann.

Keywords

diffusion; isotope effects; isotope ratio; mass spectroscopy; noise; potassium isotopes; surface ionization; tungsten

1. Introduction

During the evaporation of a sample in the ion thermionic emission source of a mass spectrometer, the isotopic fractionation increases the abundance of lighter isotope in the ion beam by a factor α in relation to the abundance of this isotope in the sample.

If the sample can be considered as composed of infinite number of atoms, the isotopic composition of the sample may be calculated with the aid of this factor: $R = \alpha r$, where R and r are the concentration ratios of the heaver

[1] Address: 20-031 Lublin, M.C. Skłodowska Sq. No. 1, Poland

isotope to lighter isotope in the sample and the ion beam, respectively [1].

From the theory of *Rayleigh* it follows that $\alpha = \sqrt{M_2/M_1}$, $M_2 > M_1$, where M_1, M_2 are a mass of the isotopes.

The noises of the ion thermoemission current are generated in the surface diffusion of the adsorbate. This diffusion can cause additional isotopic fractionation. For this reason the isotopic ratios obtained by measurement of square mean root fluctuation (noise) of thermoemission current for two isotopes will be different from the ratio of DC components of respective isotopes.

The surface ionization phenomenon is described by the *Langmuir* equation [2]. This equation expresses the dependence of the ionization degree n^+/n^0 on the surface temperature T, work function $e\varphi$, and ionization potential of atoms V: $n^+/n^0 \approx \exp\left[e(\varphi - V)/kT\right]$.

Small current fluctuations are given by: $\mathrm{d}i = i_0 e \,\mathrm{d}\varphi/kT$ and are attributable to a time variation of the average number of adsorbed atoms n: $\mathrm{d}\varphi = \mu \,\mathrm{d}n/\varepsilon_0$ (i_0: intensity of DC current, μ: dipole moment of atoms, ε_0: dielectric constant of free space). Thus the current fluctuations are directly proportional to adsorbate coverage fluctuations: $\mathrm{d}i = e\mu i_0 \,\mathrm{d}n/\varepsilon_0 kT$, [3] and $\langle \mathrm{d}n\rangle^2 = \langle n\rangle$, where $\langle n\rangle$ is the mean number of adsorbate particles in the region of the first slit of a mass spectrometer ion source.

Since the ion emission of adatoms is preceeded by their diffusion on the surface of the emitter, a problem arise, to what an extent this diffusion determines the isotopic fractionation of the emitted ions.

2. Experimental

The measurements were performed on a magnetic mass spectrometer with 90° deflection and resolution of 300 [4]. The ion thermoemission noise was amplified by a wide-band DC electrometer. The frequency response of the amplifier system was tested by modulating the focusing electrode voltage of ion source by means of an sine-generator. This system indicated constant response of the amplifier up to frequency 2 kHz. For $f > 2$ kHz correcting factor of gain was measured and inserted to calculating of spectral density function [5].

Investigations of the spectral density function $S(f) = \langle \mathrm{d}i^2\rangle/\mathrm{d}f$ were taken with selective nanovoltmeter. For all measurements the bandwidth was adjusted so that $\mathrm{d}f = 0{\cdot}014 \cdot f$. The data were recorded on digital voltmeter and printer.

Spectral density function can be approximated by the *Lorentzian* function $S = S_0/1 + (\omega\tau)^2$, where τ is the relaxation time of the fluctuation process.

The observed spectra are stable, i.e. repeated observations give rise to the same spectrum, within error of measurement.

The anode of the thermal emission of ion source was a tungsten band of the size of 10 mm × 0·8 mm × 0·025 mm. A water solution of K salts was deposited onto the cool part of the anode, near supporting rods (this procedure is described in detail by the author elsewhere [6]). At high temperature adsorbed atoms diffuse to the clean part of the emitter and evaporate as ions or atoms. The ions are extracted by a first slit of the ion source, and then accelerated by electric field in the ion source.

This process can be described by the equation of diffusion from two containers of atoms, the number of which,

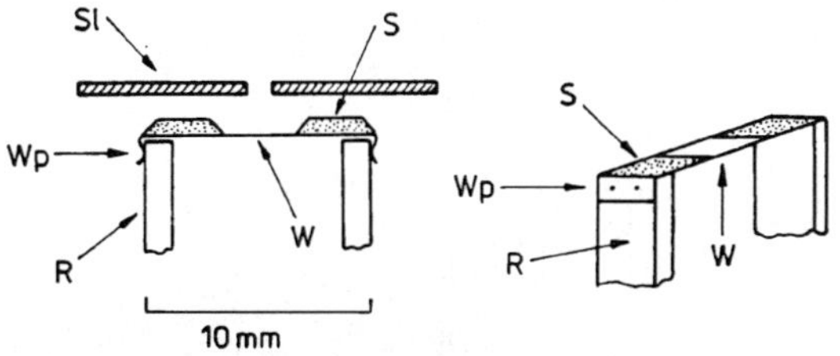

Fig. 1. The view of the surface of ions emitter
S – sample; W – tungsten band; R – supporting rods; Sl – first slit of the ion source; Wp – welding point of W band

n_0, is approximately constant [7],

$$n = n_0\left[1 - \frac{4}{\pi}\exp\left(-\frac{\pi^2}{l^2}Dt\right)\right]$$

At the simultaneous desorption [8]: $\mathrm{d}n/\mathrm{d}t = -kn$, ($k = 1/\tau$: is a desorption rate constant) the equilibrium between diffused and evaporated atoms is established on the following level:

$$n = n_0\frac{\pi^2}{l^2}D\left(\frac{\pi^2}{l^2}D + 1/\tau\right)^{-1} \approx n_0\frac{\pi^2}{l^2}D\tau\,,$$

where τ is a mean residence time of potassium atoms on tungsten.

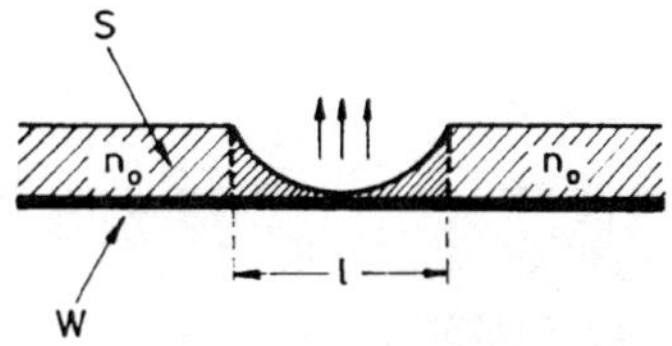

Fig. 2. Diffusion from two containers of atoms on tungsten emitter

Finally the square mean root of the current fluctuation is:

$$\langle \mathrm{d}i\rangle^2 = i_0 e\mu/\varepsilon_0 kT \cdot \frac{\pi}{l}\sqrt{n_0 D\tau}$$

The fact that the adsorption particle system has itself a relaxation time τ then means that the wide-range diffusion spectrum is modified by this relaxation time, and the current fluctuations actually have a frequency spectrum:

$$S = i_0^2(e\mu/\varepsilon_0 kT)^2\frac{\pi^2}{l^2}n_0 D\tau\frac{1}{1 + (2\pi f\tau)^2}$$

For two isotopes of potassium the isotopic ratio obtained by measurement of noise component:

$$r_n = \frac{\langle \mathrm{d}i^2\rangle_{41}^{1/2}}{\langle \mathrm{d}i^2\rangle_{39}^{1/2}} = r_0\sqrt{R_0\frac{D_{41}}{D_{39}}\cdot\frac{\tau_{41}}{\tau_{39}}}$$

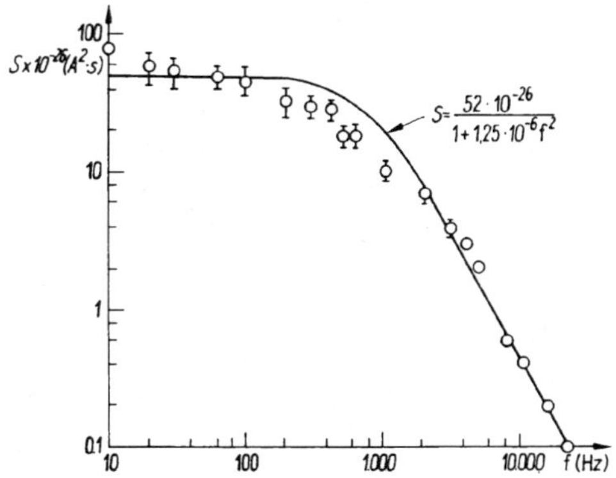

Fig. 3. Spectral density function for potassium on tungsten (T = 1380 K)

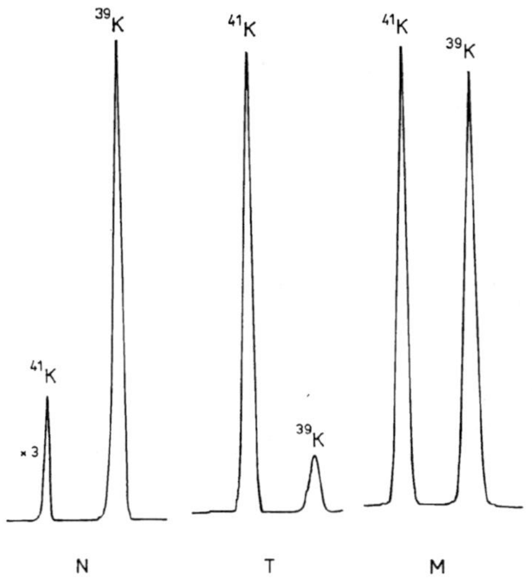

Fig. 4. Mass spectra of the natural probe of the potassium (N), of the tracer (T) and mixture (M)

The sample "M" was prepared by isotope dilution technique [10].

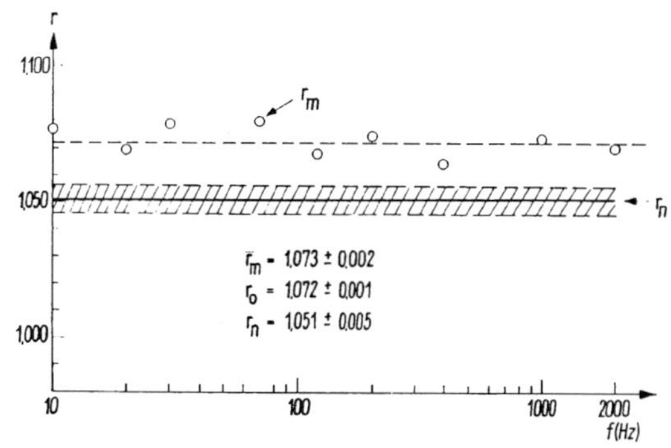

Fig. 5. Isotopic ratios obtained by a measurement DC component (r_0), by a modulating component (r_m) for various modulating frequency and by noise component (r_n) obtained for the bandwidth 10 Hz to 2 kHz

where r_0 denotes the isotopic ratio of DC component. Since $\frac{\tau_{41}}{\tau_{39}} = \alpha$ and $\alpha = \sqrt{41/39}$ [9], thus $D_{39}/D_{41} = (r_0/r_n)^2 \, R_0\alpha$.

Let $\alpha_1 = r_0/r_n$, this value will be called the "additional fractionation factor", therefore $D_{39}/D_{41} = \alpha_1^2 \cdot \alpha \cdot R_0$.

3. Results

A mixture of two KCl samples: one of them was of normal isotopic composition, the other was a KCl-tracer, was used in isotopic fractionation measurement. The results of above described measurements give: $r_0 = 1{\cdot}072 \pm 0{\cdot}001$, $r_n = 1{\cdot}051 \pm 0{\cdot}005$. In order to decrease the measurement errors [5] the bandwidth of amplifiers was adjusted to $df = 2$ kHz and the integration time constant $RC = 20$ s. Linearity of the DC and AC amplifiers have been checked by modulating the focusing electrode voltage by means of a sine-generator. The ion beam after modulation was amplified by the same AC electronic system. The obtained isotopic ratio r_m was equal to r_0 within measurement errors.

From the performed measurements it results, that in experimental conditions ($T = 1320$ K): $\alpha_1 = 1{\cdot}019 \pm 0{\cdot}005$ and $D_{39}/D_{41} = 1.064 \pm 0{\cdot}010$.

Acknowledgement

This work was supported by Research Program MR 1·05.

Received May 28, 1985

References

[1] *K. Cohen*, The Theory of Isotope Separation. New York: McGraw-Hill Book Comp. 1951
[2] *I. Langmuir*, J. Amer. Chem. Soc. **54** (1932) 2798; *H. W. Wassmuth, P. Müller*, Surface Sci. **46** (1974) 441
[3] *R. Gomer*, Surface Sci. **38** (1973) 373; *B. Bell, R. Gomer*, Surface Sci. **55** (1976) 494
[4] *L. Gladyszewski*, Annales UMCS, sect. AAA **34/35** (1979/80) 55
[5] *J. S. Bendat, A. G. Piersol*, Measurement and Analysis of Random Data. New York: J. Wiley and Sons 1966
[6] *L. Gladyszewski*, Acta Universitatis Wratislaviensis 1985, in press
[7] *W. J. Boltaks*, Diffusion in Semiconductors. Moscow 1961
[8] *H. W. Wassmuth*, Dissertation. Marburg 1969
[9] *R. Gomer*, Solid State Physics **30** (1975) 93
[10] *R. K. Webster*, Isotope Dilution Analysis, in: Advances in Mass Spectrometry, ed. *J. D. Waldron*, London 1959, p. 103

Isotopenpraxis 22 (1986) 6, S. 214

Buchbesprechung

Handbuch der radiometrischen Erkundungsmethoden und der radiometrischen Analyseverfahren

M. I. Prutkina, V. L. Šaškin. Moskva: Ergoatomizdat 1985. 167 S., 57 Abb., 76 Tab., 66 Lit. (in Russisch). Broschiert Rubel 0,75

Das vorliegende Taschenbuch über radiometrische Analyse- und Erkundungsverfahren ist die zweite, wesentlich überarbeitete Auflage des Werkes, das unter gleichem Titel 1975 erschienen war. Während die Gliederung und die Anordnung des Stoffes im großen und ganzen beibehalten wurden, ist der Inhalt wesentlich modernisiert worden. Das betrifft besonders die Ausführungen über die Flugzeug-Gamma-Aufnahme, die Emanations-Aufnahme und die Gamma-Bohrlochmessung. Erweitert wurde der Abschnitt über die radiometrischen Meßgeräte, wobei auch die Empfehlungen der Spezialistengruppe der IAEA berücksichtigt wurden. Zugleich wurde konsequent das SI angewandt. Die neue Auflage umfaßt etwa 80 Seiten weniger als vorher, was zum Teil durch die Verwendung eines kleineren Schriftgrades zu erklären ist.

Der Inhalt ist in folgende Abschnitte gegliedert: Radioaktivität; ionisierende Strahlungen; Eigenschaften der wichtigsten radioaktiven Elemente; Messung ionisierender Strahlungen; Verfahren der Analyse im Labor; Spektren der Gammastrahlung des unendlichen Halb- oder Vollraumes; Gamma-Aufnahmen; Emanations-Aufnahme; Gamma-Bohrlochmessung; Gamma-Probennahme; Gamma-Analyse von Erzen in Behältern und auf Förderbändern; Strahlungsmeßgeräte; Strahlenschutz bei der Arbeit mit radioaktiven Erzen und Radiumpräparaten; Literatur; Register.

Wer die Messung der natürlichen Radioaktivität in ihrer Anwendung für die geologische Erkundung kennenlernen möchte oder ein handliches Nachschlagewerk braucht, wird die neue Auflage des Spravočnik gern benutzen.

K. H. Köhler

Isotopenpraxis 22 (1986) 6, S. 215 bis 217

Isotopic Exchange Preparation of ^{14}C-Labelled Alkali Metal Oxalates

M. F. Barakat, A. N. Farag, M. T. Ragab

(Nuclear Chemistry Department, Nuclear Research Center, Atomic Energy Authority, Cairo, Egypt)

The exchange reaction between $Ba^{14}CO_3$ and some alkali metal carbonates has been studied in detail in a trial to find out the appropriate experimental conditions for preparing ^{14}C-labelled oxalates. It has been found that the best results could be achieved by heating the reaction mixture at 390 °C for 6 hours. The used $Ba^{14}CO_3$ could be quantitatively recovered and recycled again in another exchange process.

Es wurde die Isotopenaustauschreaktion zwischen $Ba^{14}CO_3$ und einigen Alkalimetallen untersucht, um Versuchsbedingungen herauszufinden, die eine Synthese von ^{14}C-markierten Oxalaten erlauben. Die besten Ergebnisse konnten erzielt werden, wenn die Reaktionsmischung 6 Stunden lang bei 390 °C gehalten wurde. Das eingesetzte $Ba^{14}CO_3$ konnte quantitativ zurückgewonnen werden und in anderen Isotopenaustauschversuchen wieder eingesetzt werden.

Keywords

barium carbonates; carbon 14 compounds; isotopic exchange; labelled compounds; labelling; oxalates

1. Introduction

Isotopic exchange has been most successfully used in labelling organic compounds containing labile atoms, e.g. halogens in halogenated compounds sulphur in sulphur compounds and hydrogen in hydrocarbons, with the corresponding radioisotope. On the other hand, exchange reactions involving radiocarbon-14 have been studied only to a limited extent. This type of exchange has been reported to occur mainly by the interchange of a carbon containing group between different compounds [1–5]. However, this was not always the case and no exchange has been reported to occur in any of the binary systems alanine-$^{14}CH_3I$, alanine -$NaH^{14}CO_3$, alanine-acetic anhydride-^{14}C, toluene-$^{14}CH_3OH$ [6].

In a trial to prepare intermediate labelled products, the exchange between $BaCO_3$-^{14}C and KCN has been reported to occur with high yields [7].

In the present work, the isotopic exchange reaction between $Ba^{14}CO_3$ and some alkali metal oxalates has been studied in detail. The possibility of using that reaction in the preparation of carbon-14 labelled oxalates has been investigated.

2. Experimental

2.1. *Chemicals*

Analytical reagent grade potassium oxalate ($K_2C_2O_4 \cdot H_2O$) and sodium oxalate ($Na_2C_2O_4$) were used after drying at 150 °C for 2 hours. Radioactive barium carbonate was obtained from the Radiochemical Center, Amersham, UK. All other chemicals were of the AnalaR grade.

2.2. *Apparatus and procedure*

The exchange experiments were carried out using the apparatus shown in Fig. 1. It consisted of a quartz tube, 35 cm long and 17 mm in diameter, placed in a tube ignition furnace provided with a temperature regulator. The tube was provided with an inlet and an outlet for dry argon. The outlet was attached to a system of scrubbers containing 3 N NaOH.

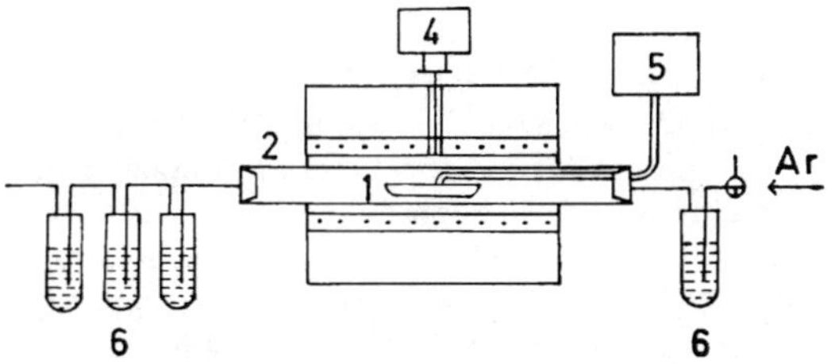

Fig. 1. Schematic representation of the apparatus used in the exchange experiments

1 – Quartz sample boat; 2 – Reaction tube; 3 – Tube ignition furnace; 4 – Furnace temperature regulator; 5 – Sample temperature indicator; 6 – Carbon dioxide absorption scrubbers (with 3 N NaOH)

Finely divided mixtures of sodium or potassium oxalate together with barium carbonate-^{14}C were placed in a porcelain boat that was introduced into the ignition tube and a stream of dry argon was allowed to pass through the system, at a rate 5 ml/min, while the temperature of the oven was gradually increased to the required temperature and was kept constant within 5 °C, for the required duration. The reaction temperature was measured at the boat site by a calibrated thermocouple.

The experimental conditions applied in the exchange experiments are given in Tab. 1. Some exchange experiments were carried out with argon passing in the system while in other experiments the argon stream was stopped after being passed in the system for 20 minutes before heating. Some exchange experiments were carried out in sealed quartz ampoules. The oxalate-carbonate mixture was introduced into the ampoule which was repeatedly evacuated and flushed with argon then finally evacuated and sealed. The tube was then heated gradually to the required temperature and kept at that temperature for the required period of time, before being opened and its contents analysed. In case of the flow system experiments, at the end of the heating period the gasses, formed during the process, were swept by the argon stream into the scrub-

Tab. 1. Experimental conditions of the exchange experiments involving $BaCO_3$-^{14}C and different oxalates

Exp. No.	Heating			$BaCO_3$-^{14}C used			Weight of oxalate used,²) mg	Weight of sample after heating, mg
	Temp., °C	Duration,	System¹)	Wt., mg	Sp. Act., cpm/mg	Total activity, cpm × 10^{-3}		
1	260	3	A	300	2720	816	270·7	550·0
2	450	1·5	A	50	25560	1278	51·2	94·5
3	450	1·5	B	50	25560	1278	51·2	93·0
4	450	3	B	50	25560	1278	53·0	90·8
5	650	3	A	100	2930	293	100·7	179·0
6	650	6	A	100	1210	121	95·7	176·0
7	650	1·5	B	100	9850	985	100·5	176·0
8	650	6	B	120	1380	165·6	114·6	212·0
9	400	30	C	75	27570	2067·8	72·6	–
10	350	6	B	100	24100	2410	102·0	198·0
11	390	6	B	25	618140	15453·5	101·0	124·0
12	390	9	B	25	618140	15453·5	101·3	125·0

¹) A – Heating with argon gas flowing; B – Heating in stationary argon atmosphere; C – Sample heated in a sealed tube
²) In experiments 1–9 potassium oxalate (anhydrous) was used while in experiments 10–12 sodium oxalate was used.

bers containing 3 N NaOH before removing the sample boat from the system after being cooled in the inert atmosphere. The resultant sample after thermal treatment was then subjected to detailed chemical analysis. The amount of activity trapped in the scrubbers was also determined, after being precipitated as $Ba^{14}CO_3$, by solid sample counting.

2.3. *Analysis of the reaction products*

After thermal treatment, the sample boat was cooled and weighed to determine the total loss in sample weight. Then the reaction mixture was treated with hot water to separate the water soluble products from the insoluble barium carbonate-^{14}C, which was isolated by centrifugation followed by repeated washing with hot water and centrifugation. The $Ba^{14}CO_3$ was then carefully collected, dried and weighed. The combined aqueous solution and washings, containing the oxalate and any soluble carbonate formed by the thermal decomposition of the oxalate, were analysed. Thus, the carbonate content was determined by adding a known excess of a standard acid and back titrating the excess with a standard alkali. The oxalate content was determined titrimetrically using a standard permanganate solution.

2.4. *Separation and purification of ^{14}C-labelled oxalates*

Since it has been found in the present work that the prepared ^{14}C-labelled oxalates were always contaminated with varying amounts of carbonates formed as a result of oxalate decomposition on heating, it has been found necessary to study the separation processes of the oxalates from any contaminating carbonates.

Some trials have been carried out on some oxalate-carbonate authentic mixtures to separate the oxalates in a pure form. Thus, it has been found that 86% of the oxalate was isolated in a pure form by precipitation using calcium ions in a weak acetic acid medium, just sufficient to destroy any carbonates present. The use of barium ions was found unsuitable since barium oxalate is normally soluble in acetic acid.

The direct precipitation of sodium oxalate by ethanol or acetone addition to the aqueous solution showed a strong interference of the existing carbonates. Thus, it has found that 76·0% and 91·7% of sodium oxalate and sodium carbonate respectively were coprecipitated by ethanol addition, whereas 99·0% and 98·8% of the carbonates and oxalates respectively were coprecipitated by acetone addition. To avoid carbonate interference, the oxalate was precipitated by acetone addition to the aqueous solution after acidification with 10% acetic acid to the extent just sufficient for destruction of any carbonates present. By doing so, almost quantitative separation of carbonate-free oxalate was achieved. The yield was 99·8% in the 20 mg range.

Consequently, in radioactive runs the ^{14}C-labelled sodium oxalate was isolated by acetone addition after rendering the medium slightly acidic with 10% acetic acid followed by centrifugation and washing with acetone.

2.5. *Radioactivity measurements*

Radioactivity measurements have been carried out by thin solid sample counting using an ECKO scaler type 530 F combined with a halogen quenched GM tube. All data have been corrected for self absorption and counter efficiency by usual techniques.

3. Results and discussions

While heavy metal oxalates are not thermally stable [8], alkali and earth alkali metal oxalates are more stable at elevated temperatures. Decomposition of anhydrous sodium oxalate begins very slowly at 450 °C and is not really important up to 500 °C. The velocity increases between 570–590 °C and ends abruptly giving rise to sodium carbonate [9]. In case of potassium oxalate, the anhydrous salt is stable up to 425 °C and its conversion to carbonate is completed when the temperature reaches 550 °C [10]. In the present work, the oxalates of sodium and potassium have been used.

The experimental conditions used in the present work are given in Tab. 1 which is self explanatory. The results obtained are given in detail in Tab. 2.

From the results shown in Tab. 2 it could be observed that at 260 °C, the exchange yield was very low and the oxalate recovery was 98·2%. The specific activity of the $Ba^{14}CO_3$ was almost unchanged.

Increasing the temperature to 450 °C and heating the reaction mixture for 1·5 hours, the specific activity of $Ba^{14}CO_3$ greatly decreased (expt. 2,3). 52–58% of the oxalate were recovered while the complementary part was transformed into carbonate. 11–12% of the initial activity used were found in the water soluble oxalate-carbonate mixture. On increasing the exchange time to 3 hours at

Tab. 2. Results of isotopic exchange reaction between $Ba^{14}CO_3$ and alkali metal oxalates

Exp. No.	Recovered $Ba^{14}CO_3$			Weight of recovered labelled products		Recovered oxalate	Radioactivity recovered in labelled products[2])		Radio-activity in scrubbers	$C(^{14}CO_3^{--})$ / $C(C_2O_4^{--})$	Overall radioactivity recovery
	Weight	Activity	Decrease in sp. act.	Metal oxalate	Metal carbonate		cpm × 10^{-3}				
	%	%	%			%	%		%		
1	95	94·4	0·6	265	–	98·2	9·7	1·2	0·54	1/2·14	96·1
2	94	52·8	43·8	29·4	18·0	57·6	146·7	11·5	36·5	1/2·43	100·8
3	92	56·6	38·5	26·5	20·5	51·7	156·8	12·3	30·4	1/2·43	99·3
4	90	50·3	44·1	10·3	35·5	19·5	238·4	18·7	27·7	1/2·52	96·7
5	94	29·8	71·7	7·8	77·2	7·8	97·8	33·4	20·5	1/2·39	83·7
6	96	35·7	62·8	2·8	77·2	2·9	24·5	20·3	32·5	1/2·27	88·5
7	92	36·8	60·0	3·0	81·1	2·9	323·3	32·8	19·6	1/2·39	89·2
8	96·7	24·7	74·4	4·6	91·4	4·0	47·0	28·3	17·7	1/2·27	70·7
9	97·3	56·0	42·4	39·4	27·6	54·2	433·4	21·0	–	1/2·30	77·0
10	97	73·8	10·9	100·0	–	98·0	25·8	1·1	13·2	1/3·00	88·1
11	92·8	82·3	11·4	99·2	0·9	98·2	15453·6	13·5	0·61	1/11·9	96·4
12	96·8	87·6	9·5	98·9	1·9	97·6	1194·3	7·7	1·02	1/11·9	96·3

[1]) Formed by oxalate decomposition on heating
[2]) Total activity in water soluble products, i. e. in alkali metal carbonate and oxalate

the same temperature, the exchange yield increased to 18·7%, however, the oxalate yield was significantly decreased due to excessive transformation into carbonate (expt. 4). A series of experiments were carried out at 650 °C for varying heating periods (exp. 5–8). Although the $Ba^{14}CO_3$ was almost completely recovered, its specific activity was significantly decreased which indicated its active participation in the exchange reaction. The water soluble product was obtained in relatively high radiochemical yield i.e. 20–33%, however, analysis showed that it consisted mainly of carbonate due to the unstability of the oxalate at the applied temperature.

Further experiments were carried out near the decomposition temperature of the oxalate. Thus, on heating the mixture at 350 °C, the oxalate was recovered intact, however, the exchange yield was very low (expt. 10). On increasing the exchange temperature to 390 °C more than 97% of the oxalate were recovered intact and the radiochemical yield was found to be greater when the exchange was carried out for 6 hours (13·5%) than when it was carried out for 9 hours (7·7%). This clearly indicates the adverse effect of using long heating periods. The ultimate labelling yield can be improved by using a very low $C_{(^{14}CO_3^{--})}/C_{(C_2O_4^{--})}$ ratio in the reaction mixture through the use of high specific activity $Ba^{14}CO_3$.

In the sealed tube exchange experiment (expt. 9) it has been found that $Ba^{14}CO_3$ lost a significant fraction of its activity. Although the radiochemical yield of the water soluble products was 21%, the ^{14}C-labelled oxalate recovery was only 54·2%.

From the above mentioned results, it is possible to conclude that ^{14}C-labelled alkali metal oxalates can be obtained by carrying out the exchange experiments at 390 °C for 6 hours and in a stationary argon atmosphere. It is noteworthy that under these conditions the $Ba^{14}CO_3$ recovery and the radioisotope recovery in it were high, i.e. it lost only about 10% of its activity. This shows that the $Ba^{14}CO_4$ after being carefully separated could be recycled again in another exchange process to obtain another crop of the labelled product.

Received May 15, 1985

References

[1] *S. Ruben, M. P. Allen, P. Nahinsky*, J. Am. Chem. Soc. **64** (1942) 3050

[2] *A. W. Adamson*. J. Am. Chem. Soc. **72** (1950) 4030

[3] *A. W. Adamson*, J. Am. Chem. Soc. **73** (1951) 4786

[4] *L. Tsai, L. Kamen*, J. Chim. Phys. **17** (1949) 585

[5] *G. E. Feklestof*, Izvestija Akademia Nauk, Otd. Khim. Nauk **4** (1953) 587

[6] *V. P. Shishkof, E. E. Tsamerian*, "Metody polucheniya radioaktivnykh preparatof" (Preparation methods of radioactive compounds) Moscow: Gosatomizdat 1962, p. 27

[7] *O. E. Andreeva, G. E. Kostikova*, Proceedings of the Conf. on the applications of radioisotopes in physical sciences and industry, Copenhagen 1960

[8] *C. Duval*, Inorganic thermogravimetric analysis. Elsevier Pub. Co. 1963, second revised ed., p. 386, 362 and 411.

[9] *C. Duval*, Inorganic thermogravimetric analysis. Elsevier Pub. Co. 1963, second revised ed., p. 210.

[10] *P. H. Martens*, Bull. Inst. Argon et Stas. Recherches des Gembloux **21** (1953) 134

Isotopenpraxis 22 (1986) 6, S. 218 bis 219

Kurze Originalmitteilungen

Solid Phase Peptide Synthesis of ^{125}I Labelled Insulin Fragments: Leu-His-Ser-Gly-OCH_3 (B_{8-11})

M. A. Zewail, M. F. Abdel-Wahhab, Y. M. Megahed, A. M. Shalaby

(Radioisotope Department, Atomic Energy Establishment, and Tanning Material and Protein Lab. National Research Center, Cairo, Egypt)

Keywords

amino acids; insulin; iodine 125; labelling; peptide hormones; synthesis

Introduction

Within a short period of time, Merrifield solid phase synthesis [4] found numerous and widespread application, where it has been developed to some time and effort entailed in the use of conventional methods, and also to improve the yield of product. The rather wide applicability of the technique has been demonstrated in the successful synthesis of many hormones like insulin.

In addition to the dramatic savings in time, solid phase synthesis gets an ease and convenience of operation, by elimination of solubility problems and acceptable coupling rates. In this work, we are going to discuss the synthesis of new fragment of insulin using solid-phase technique within the application of a more advanced method for purification using radioiodination to prepare the fragment insulin B_{8-11} labelled with ^{125}I.

Materials and Methods

1) Polystyrene (2% divinylbenzene copolymer beads). (Bio-Rad) Bio beads 5 × 2 from Fluka.

2) Boc-leu-O.P., Boc-His (Ztf), Boc-Ser (OBzl), Boc-Gly-C used as protecting amino acid.

3) 1 N HCl/glacial acetic acid used for cleavage or deprotection of Boc groups.

4) Whatman No. 1 paper chromatography with n-butanol:acetic acid:water (4:1:5) system.

5) Iodinating mixture of 1 μCi $Na^{125}I$ (Amersham) in 0·02 ml phosphate buffer pH 7·5, 50 mg chloramin T.

6) Sephadex G-50 for Gel-filtration column.

Experimental

Boc-leucine, His, Ser and Gly have been used as follows:

Attachment of Boc-leu to the resin as described by *Merrifield* (1964) using 1·52 g of Boc-leu (6·56 mmol).

Cleavage of Boc-group by 17·5 ml of 1 N HCl/acetic acid for 30 min.

Coupling of Boc-His(Ztf) to leucine-O.P. using 1·1 g (2·2 mmol) Boc-His(Ztf) in 5 ml methylene chloride.

Cleavage of Boc group from Boc-His (Ztf)-leu-O-P was carried out by 1 N HCl/acetic acid.

Coupling of Boc-Ser to the dipeptide His-leu-O-P using O 0·65 g Boc-Ser (OBzl) (2·2 mmol) in 15 ml methylene chloride.

Cleavage of Boc group from Boc-Ser-His-leu-O-P using 1 N HCl/acetic acid.

Coupling of Boc-glycine to the tripeptide Ser-His-leu-O-P carried out using 0·4 g (2·2 mmol) of Boc-glycine in 15 ml methylene chloride.

Cleavage of the tetrapeptide Boc-Gly-Ser-His-leu-O-P from the chloromethylated polymer by transesterification method using 20% methylene chloride/methyl alcohol (Et_3-N/CH_2Cl_2) (*Stewart* method) [7].

The tetrapeptide was crystallized from petroleum ether (40–60 °C), m.p. 101–105 °C and its amino acids analysis is given in Tab. 1.

Tab. 1. R_f values for ^{125}I insulin B8–11 fragment fractionation on column chromatography in comparison with the original amino acid and purified preparation using BAW system

Spotted samples	R_f-values	
	Colour	Radio-scanning
First peak of ^{125}I peptide	0·13	0·13
2nd peak	0·518	0·520
3rd peak	0·541	0·540
	0·894	0·900
4th peak	0·930	0·900
5th peak	0·569	0·576
	0·910	0·911
6th peak	0·850	0·849
^{125}I as $Na^{125}I$ carrier free	0·849	–
Insulin peptide fragment (B_{8-11})	0·928	–
Histidine	0·130	–
Serine	0·160	–
Glycine	0·210	–
Leucine	0·639	–

Radioiodination was carried out using ^{125}I and chloramin T as iodinating mixture as described by *Megahed* et al. 1983 [3]. Purification has been carried out according to *Abdel-Wahab* et al. 1982 [1].

Identification was done applying: (1) radiochromatography scanning, (2) localization of spots by ninhydrin-benzidine developer. Then to confirm the results, amino acid analysis (Fig. 4) was achieved.

Results

From the fragment sequence, it is appeared that the only possible position to be iodinated was B_{10} which contains Histidine residue. The results represented in Tab. 1, and

Fig. 1–4 for iodination, purification and confirmation of the prepared tetrapeptide (B_{8-11}).

Discussion

Application of that method is a good choice for our peptide (Leu-His-Ser-Gly) preparation. In our peptide synthesis we used Sephadex. N^{α}-protecting group like Boc. It is important protecting group due to the fact that it is one of the most easy to introduce and easy to remove without any side effect during deprotection step.

For the identity of the tetrapeptide B_{8-11}, the synthesized tetrapeptide was subjected to radioiodination process for incorporation of ^{125}I in its histidine amino acid, then fractionation on column chromatography. Its radioactivity measured, which revealed six peaks (Fig. 1) from which the fourth was confirmed to be our pure peptide having high sp. activity. The ultraviolet absorption measurements at wave length 254 mu released five peaks, from which the third peak was confirmed to contain our main fragment (Fig. 2). R_f-values (Tab. 1) and radiochromatography scanning (Fig. 3) revealed that the first peak is free amino acid (histidine), the second peak is traces of small peptide (not our peptide), the third peak is our main tetrapeptide contaminated with small peptide, the fourth is our main pure tetrapeptide, the fifth peak is our tetrapeptide contaminated with other small peptide, which the sixth peak is inorganic $Na^{125}I$.

For more confirmation, amino acid analysis (Fig. 4) was performed from which it is appeared that the fourth peak (Fig. 3) is exactly our main ^{125}I, labelled insulin B_{8-11}.

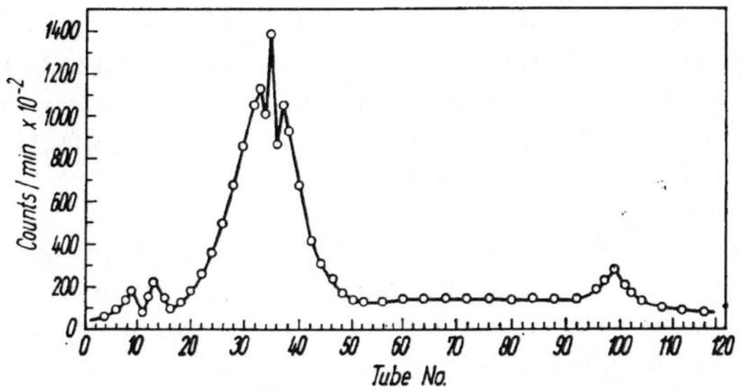

Fig. 1. Fractionation of ^{125}I labelled peptide fragment [insulin (B_{8-11})] on sephadex G-50 column

Radioactivity assay of eluted fractions

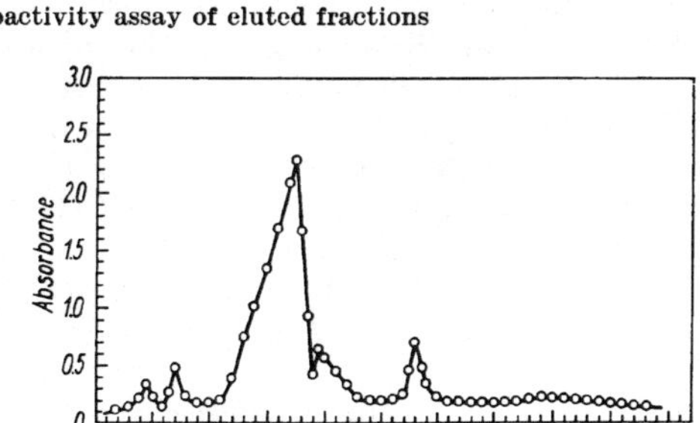

Fig. 2. Fractionation of ^{125}I labelled peptide fragment [insulin (B_{8-11})] on Sephadex G-50 column

Spectrophotometry assay at wave length 254 nm

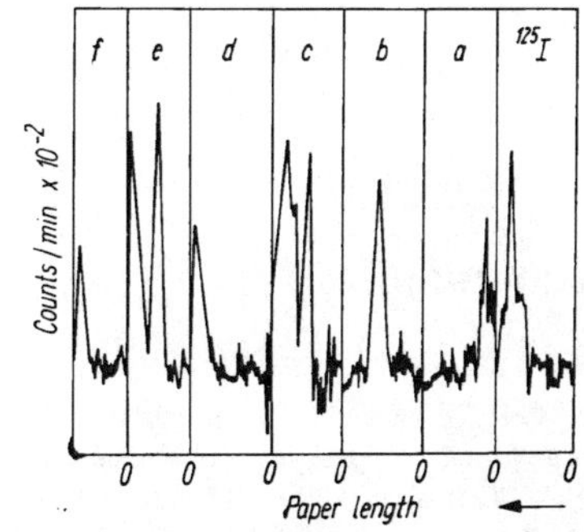

Fig. 3. Paper radiochromatography scanning for the separated peaks of ^{125}I labelling of the peptide fragment [insulin (B_{8-11})]

a = Peak No. 1; b = Peak No. 2; c = Peak No. 3; d = Peak No. 4; e = Peak No. 5; f = Peak No. 6

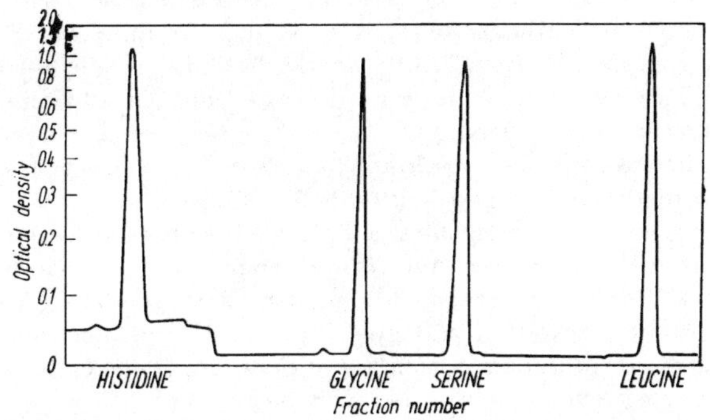

Fig. 4. Amino acid analysis for the synthesized peptide fragment [insulin (B_{8-11})]

In conclusion, it is stated that,

- Solid-phase method is the easy manual way to get very specia amino acid sequence in small fragment.
- The easy of t-butyloxy carbonyl (Boc) group for protection of α-amino group is very useful for easy protection and deprotection.
- The simple way to control the coupling and protection of (Boc) group by measuring triethylamine chloride resulted from deprotection and neutralization is very useful tool to be used without having complicated equipments like potentiometric titration.
- Labelling of the prepared tetrapeptide with ^{125}I is an important, sensitive and easy way to test the identity of the tetrapeptide synthesis.

Received July 3, 1985

References

[1] *M. F. Abdel-Wahab, F. Y. Sutomo,* Isotopenpraxis 18 (1982) 212
[2] *C. H. Lie,* J. Amer. Chem. Soc. 66 (1944) 225
[3] *Y. M. Megahed, M. F. Abdel-Wahab, M. A. Zewail, A. M. Shalaby,* Isotopenpraxis 19 (1983) 247
[4] *R. B. Merrifield,* J. Amer. Chem. Soc. 86 (1964) 304
[5] *R. B. Merrifield,* Biochemistry Z. 1964 1385
[6] *A. N. Arglin, R. B. Merrifield,* J. Amer. Chem. Soc. 88 (1966) 505
[7] *J. M. Stewart, J. D. Young,* Solid phase peptide synthesis, text book, 1969, p. 45

Isotopenpraxis 22 (1986) 6, S. 220 bis 224

Buchbesprechungen

Physik für Ingenieure

P. Dobrinski, G. Krakau, A. Vogel. 6. neubearb. u. erw. Aufl., Stuttgart: B. G. Teubner 1984. 587 S., 510 Abb., 52 Tab., 40 Lit., 145 Versuche, 54 Beispiele, 307 Aufg. m. Lösungen; Pappeinband DM 48.—

Die Kapitelüberschriften lauten: Mechanik, Wärmelehre, Elektrizität und Magnetismus, Strahlenoptik, Schwingungs- und Wellenlehre, Atom- und Kernphysik, Festkörperphysik, Relativitätstheorie. Technische Physik i. e. S. ist nicht dargestellt, es werden aber zahlreiche technische Anwendungen genannt. Die vorausgesetzten mathematischen Kenntnisse beschränken sich auf elementare Infinitesimalrechnung und Vektoralgebra. Gegenüber der 5. Aufl. wurden die Lösungshinweise zu den Aufgaben vermehrt sowie die Hinweise auf Anwendungen und die Tabellen über Materialeigenschaften modernisiert; andere Erweiterungen betreffen z.B. die Themen Wärmeübertragung, Zustandsänderungen, *Gauß*scher Satz, erzwungene Schwingungen, Auflösungsgrenzen, *Compton*effekt.

Der Rezensent sieht weitere Möglichkeiten zur Verbesserung etwa bei der *Maxwell-Boltzmann*-Verteilung (einheitliche Terminologie, Angabe der Verteilungsfunktion), in einer umfassenden Definition der Schwingungen, durch Einführung der Begriffe ,,Massenzahl" (auf Seite 468) und ,,Elektroneneinfang" (statt des speziellen K-Einfangs) und durch Änderung der Bezeichnung ,,Ultrastrahlung", die oft synonym für Höhenstrahlung benutzt wird. Die Elementarteilchen verdienen (einschließlich der fundamentalen Wechselwirkungen, Quarks und Vereinigungstheorien) eine ausführlichere Behandlung, evtl. auf Kosten der Relativitätstheorie. Folgende Unsauberkeiten wären in einer späteren Auflage zu korrigieren: Die charakteristische Röntgenstrahlung (S. 449) stellt oft nicht den ,,Normalfall" dar, sondern eher umgekehrt der *Auger*-Effekt (für die L-Linien fast aller Elemente und für die K-Linien aller Elemente mit $Z < 31$). Tafel 153.1 enthält eine Unklarheit bezüglich der spezifischen Wärme des Eises; Druckfehler finden sich in Abb. 430.1 (Lyman) und auf S. 484 (Fußnote 2). Die allgemeine Form des Beharrungsgesetzes wurde erstmalig nicht von *Newton*, sondern vor ihm bereits von *I. Beeckmann* sowie den *Galilei*-Schülern *G. Baelo*, *Cavalieri* und *Baliani* ausgesprochen. Die *Curie*-Temperatur geht nicht auf *Marie*, sondern auf *Pierre Curie* zurück. Bei der Erläuterung der Streuversuche auf Seite 428 müssen neben *Rutherford* auch *Geiger* und *Marsden* genannt sein, auch könnte auf S. 431 das Sterbejahr von *G. Hertz* (1975) eingetragen werden.

Die wenigen kritischen Bemerkungen sollen in keiner Weise den Wert dieses didaktisch ausgezeichneten Lehrbuchs schmälern. Es wird dem im Vorwort formulierten Anliegen voll gerecht, nicht nur eine (über ein physikalisches Minimum an Ingenieuswissen deutlich hinausgehende) Fülle von Sachkenntnissen zu vermitteln, sondern vor allem die Prinzipien und Methoden des physikalischen Denkens zu illustrieren, als ,,geistiges Übungsgelände" für das moderne technische Denken. Bemerkenswert sind u. a. Anschaulichkeit, klare Begriffsbildung, möglichst einfache Erklärungen, deutliches Aufzeigen der Modellgrenzen, interessante Aufgaben und zahlreiche Anwendungen, Aufbereitung des Stoffes durch verschiedene Druckarten, hohe Informationsdichte (dadurch auch als Nachschlagewerk geeignet) und nicht zuletzt die hervorragende drucktechnische Ausstattung. Somit kann das Buch dem im Titel genannten Personenkreis ohne jede Einschränkung empfohlen werden.

K.-P. Dostal

Mathematics in Biology and Medicine Proceedings of an International Conference, held in Bari, Italy, July 18–22, 1983

Hrsg.: V. Capasso, E. Grosso, S. L. Paveri-Fontana. Berlin-Heidelberg-New York: Springer-Verlag 1985. XVIII, 524 S., zahlr. Abb., Tab. u. Lit. (Lecture Notes in Biomathematics, 57); kart. DM 79.—

Im Juli 1983 fand in Bari (Italien) eine internationale Konferenz zur Anwendung mathematischer Verfahren in der biologischen und medizinischen Forschung statt. Die dabei gehaltenen Vorträge liegen nun in der stets hohes Niveau verheißenden Serie ,,Lecture Notes in Biomathematics" vor. Die recht lange Zeitspanne bis zum Erscheinen des Bandes mag durch den plötzlichen Tod eines der Herausgeber, Prof. *E. Grosso* (Bari), bedingt sein, dessen Andenken das Buch gewidmet ist.

Die Vorträge, gehalten von Mathematikern und Biowissenschaftlern aus 23 Ländern, behandeln in möglichst allgemeiner Form Fragen der Formulierung, der Analyse und der numerischen Behandlung mathematischer Modelle in den Biowissenschaften. Das große und wichtige Gebiet der Biostatistik ist nicht in die Diskussion einbezogen worden, um die Thematik nicht ins uferlose anwachsen zu lassen. Auch Probleme der Schätzung von Modellparametern werden nur am Rande behandelt. — Die Kapitelüberschriften und die Anzahl der Vorträge zeigen die Schwerpunkte: Genetik und Ökologie von Populationen (15 Beiträge), Ausbreitung von Krankheiten (11 Vorträge), Nutzung von Ressourcen (2 Vorträge), Physiologie und Medizin (unter dieser Überschrift sind 23 Beiträge zu sehr verschiedenen Themen vereint, z.B. zur Modellierung der Stoffwechselregulation, des Verhaltens immobilisierter Enzyme oder der Regulation des Zellzyklus), Compartmentanalyse (6 Vorträge) und allgemeine mathematische Probleme (ein Kapitel, dessen 13 Beiträge Resultate mathematischer Forschung bringen, die durch biologische Fragestellungen initiiert worden ist und die vor allem um die Stabilitätsanalyse bei komplexen Systemen kreisen, abgerundet durch 2 Vorträge allgemeinerer Art zur Anwendung der Katastrophentheorie in der Biologie und zu synergetischen Systemen).

Das Interesse des Rezensenten gilt vor allem den Beiträgen zur Compartmentmodellierung. Charakteristisch für den Stand der Forschung ist die Erweiterung des ,,Standardmodells" (bestehend aus linearen, homogenen Compartments bei deterministischer Betrachtungsweise) auf Modelle nichtlinearer, stochastischer Prozesse mit inhomogenen, die Altersabhängigkeit des Verhaltens einbeziehenden Systemeinheiten. Diese Erweiterung der Theorie bringt eine Fülle von Anwendungen über die klassischen Beispiele der Tracer- und der Pharmakokinetik hinaus, was im vorliegenden Band dadurch dokumentiert wird, daß unter der Überschrift „Compartmentanalyse" auch sehr viele Beiträge aus anderen Kapiteln (etwa zum Verhalten von Populationen) hätten erscheinen können. Erkauft wird eine solche Begriffserweiterung freilich durch die Aufgabe eines einfachen, auch von einem nicht intensiv mathematisch geschulten Nutzer noch anwendbaren Modellierungsverfahren.

Wie die letzte Bemerkung zeigt, sind die Beiträge aus der Feder kompetenter Autoren generell mathematisch recht anspruchsvoll. Sie geben zu Forschungsschwerpunkten der mathematischen Biologie einen Überblick; von geringerer Bedeutung ist dabei die aktuelle Information, da die vorgetragenen Ergebnisse, soweit überblickbar, bereits an anderer Stelle publiziert worden sind. Beiläufig zeigt das Buch, wie auch die Zeitschriftenliteratur des letzten Jahrzehnts, das hohe Niveau biomathematischer Forschung im Veranstalterland.

Durch die genannten Themen wird auch der Kreis der Interessenten abgesteckt. Ihnen ist die Beschäftigung mit diesem Band uneingeschränkt zu empfehlen.

E. Winkler

Management of Tritium at Nuclear Facilities

Vienna: IAEA 1984. 62 S., 19 Abb., 8 Tab. (Technical Reports Series No. 234, STI/DOC/10/234); karton. ÖS 160,—

Die Internationale Atomenergiebehörde initiiert und koordiniert Forschungsvereinbarungen mit wissenschaftlichen Einrichtungen von Mitgliedsländern zur Untersuchung spezieller wissenschaftlich-technischer Probleme, denen weltweit besondere Aufmerksamkeit gewidmet wird. Eines dieser Probleme ist die Behandlung von mit Tritium kontaminierten Ausflüssen und Abfällen aus nuklearen Anlagen.

Der vorliegende Abschlußbericht faßt Ergebnisse und Schlußfolgerungen aus wissenschaftlich-technischen Untersuchungen zusammen, die im Rahmen einer im Jahre 1978 mit Kernforschungszentren in Kanada, der BRD, Indien und Finnland abgeschlossenen Forschungsvereinbarung gewonnen wurden. Über die Erzeugung und Verteilung von Tritium in Kernkraftwerken (hauptsächlich in Schwerwasser- und Leichtwasserreaktoren) sowie dessen Freisetzung in Wiederaufarbeitungsanlagen wird im Kapitel 2 ein Überblick vermittelt. Die angegebenen Tritiumproduktionsraten (Schwerwasserreaktor: $\approx$ 90 PBq · GW(e) a^{-1}; Leichtwasserreaktor: je nach Typ zwischen 0,5 und 1,1 PBq · GW(e) a^{-1}; Wiederaufarbeitungsanlage für Kernbrennstoff von Leichtwasserreaktoren mit insgesamt 50 GW(e): 20 bis 40 PBq Tritium pro Jahr) machen deutlich, daß die Handhabung und wirksame Beseitigung technogenen Tritiums eine wichtige Aufgabe darstellt.

Im Bericht wird eine Übersicht über geeignete Technologien zur Zurückgewinnung von Tritium durch Abtrennungs- und Anreicherungsverfahren (Kapitel 3), zur Konditionierung der angereicherten Tritiumabfälle, u. a. durch Zementierung oder Bildung von Metallhydriden (Kapitel 4), sowie zu deren Lagerung und Beseitung, u. a. durch Verpressen in Tiefbohrungen, *in-situ*-Verfestigung in Salzstockkavernen oder durch Tiefseeendlagerung (Kapitel 5) gegeben. Im abschließenden Kapitel 6 werden Schlußfolgerungen aus den Ergebnissen der sich über drei Jahre erstreckenden Untersuchungen gezogen sowie Empfehlungen über weitere Forschungs- und Entwicklungsarbeiten unterbreitet.

Der Bericht erhebt keinen Anspruch auf Vollständigkeit; er verweist auf zusätzliche Informationen aus einschlägigen Publikationen. Es ist deshalb ein umfangreiches und aktuelles Literaturverzeichnis angefügt. Von den über 90 zitierten Publikationen sind mehr als 50% nach 1979 erschienen.

Der Bericht vermittelt Fachleuten auf dem Gebiet der Handhabung, Lagerung und Beseitigung radioaktiver Abfälle und des nuklearen Umweltschutzes zahlreiche aktuelle Informationen und Anregungen.

K. Fröhlich

Strahleneffekte in Metallen und Legierungen
Materialien der III. Allunionskonferenz,
Alma-Ata, 30. Mai – 1. Juni 1983

Ala-Ata: Nauka 1985. 218 S. (in Russisch); geb. M 12,50

Die Beiträge des Bandes sind in drei Abschnitte untergliedert: 1. Natur und Eigenschaften von Strahleneffekten in Metallen (22 Beiträge); 2. Strahlenverfestigung, Versprödung und Kriechen bestrahlter Metalle und Legierungen (16 Beiträge); 3. Phasenumwandlungen in bestrahlten Metallen und Legierungen (9 Beiträge).

Es werden Untersuchungen an reinen Metallen, verdünnten und konzentrierten Legierungen, darunter Stählen, vorgestellt. Die Bestrahlung erfolgt mit schnellen Neutronen oder geladenen Teilchen (Elektronen, Protonen, leichte und schwere Ionen), wobei die Ionenbestrahlung teilweise zur Simulation der Neutronenbestrahlung eingesetzt wird.

Einige Beiträge befassen sich mit der Charakterisierung mikrostruktureller Strahleneffekte, wozu u. a. *Frenkel*-paare, Versetzungsschleifen, Atomverlagerungskaskaden und Mikroporen gehören. Dazu werden Modellrechnungen und experimentelle Methoden wie Transmissionselektronenmikroskopie, Autoionenmikroskopie, Röntgenbeugung, diffuse Röntgenstreuung und Positronenannihilation eingesetzt. Oftmals wird das Verhalten der bestrahlten Materialien bei nachfolgenden Glühbehandlungen untersucht, um weitere Aussagen zu den Eigenschaften der Strahlendefekte, z.B. charakteristische Ausheilstufen, zu erhalten.

Eine Vielzahl von Beiträgen widmet sich den durch Bestrahlung auftretenden makroskopisch meßbaren Eigenschaftsänderungen und Phänomenen (elektrischer Widerstand, Strahlenverfestigung, Bestrahlungskriechen, Schwellen, Hochtemperaturversprödung, Wasserstoffversprödung, Blistering).

Es wird auch dargestellt, wie die Strahleneffekte in Metallen durch Verunreinigungen, Phasenzusammensetzungen, mechanische Spannungen und Kaltverformung beeinflußt werden. Moderne Methoden der Strukturanalyse liefern Aussagen über die Defektverteilung bei der Ionenimplantation.

Eine praktische Zielstellung der in dem Band enthaltenen Arbeiten besteht darin, durch gezielte Bestrahlung und evtl. nachfolgende Wärmebehandlung Konstruktionsmaterialien mit ungewöhnlichen Strukturen und unikalen physikalisch-mechanischen Eigenschaften herzustellen.

Die wichtigsten Einsatzgebiete der vorgestellten Untersuchungsergebnisse sind

1. die Entwicklung neuartiger Werkstoffe für den Einsatz in schnellen Brutreaktoren und Fusionsreaktoren, z.B. austenitische Cr-Ni-Stähle mit niedriger Schwellrate;
2. die Verwendung der Ionenimplantation als Methode zur gezielten Beeinflussung der Eigenschaften von Metalloberflächenschichten, z.B. zur Erhöhung der Verschleißfestigkeit von Werkstoffen.

Insgesamt erhält der Leser einen guten Einblick in moderne sowjetische Entwicklungen der Grundlagenforschung zu Strahleneffekten in metallischen Materialien. *K. Popp*

Nuclear Assaying of Mining Boreholes An Introduction

A. W. Wylie. Amsterdam-Oxford-New York-Tokyo: Elsevier 1984. XIV, 344 S. 158 Abb. 21 Tab. 362 Lit. (Methods in Geochemistry and Geophysics, 21); geb. US$ 67.25; hfl 175.00

Wohl alle Vorkommen von mineralischen Rohstoffen werden durch Bohrungen erkundet, bevor sie durch bergmännische Arbeiten untersucht oder aufgeschlossen werden. Die gewonnenen Proben der durchbohrten Gesteine (Kerne, Bohrklein, Bohrschlamm) geben Aufschluß über die geologische Situation im allgemeinen und über den gesuchten Rohstoff im besonderen. Da nun aber das Kernbohren recht viel Zeit und Kosten erfordert, sucht man möglichst weite Strecken kernlos zu bohren und die gewünschten Informationen durch geophysikalische Messungen im Bohrloch zu gewinnen. Der Verfasser legt im Vorwort, in der Einführung und besonders im Kapitel 7 überzeugend dar, welche Vorteile die Bohrlochmessungen mit sich bringen. Dabei hebt er die Unterschiede zwischen der Erdöl-Industrie und dem Bergbau auf feste Rohstoffe deutlich heraus, die sich in den technischen Verhältnissen (Teufe, Durchmesser und Kosten der Bohrungen; Gesamtheit der Methoden der Bohrlochmessungen) ebenso zeigen wie in der Einstellung zu den geophysikalischen Methoden, „deren Vorteile hier nur langsam erkannt werden".

Ausgehend von dieser Sachlage unternimmt *Wylie* den Versuch, in einem handlichen Buch einen Überblick über die kerngeophysikalischen Verfahren der Bohrlochmessung zu geben, wobei er sich an Geologen, Bergingenieure, Bohrtechniker und — natürlich — auch an Geophysiker wendet. Diesem Ziel entspricht die Auswahl und Darlegung des Stoffes. Etwa ein Drittel des Buches ist den kernphysikalischen Grundlagen gewidmet. Dazu gehören Ausführungen über Strahlenarten, Detektoren, Nachweis- und Meßmethoden, Wechselwirkungen und Laboranalyseverfahren. Zwei Drittel des Buches enthalten die praktischen Anwendungen: natürliche Gammastrahlung, gestreute Neutronen, Neutroneneinfang-Gammastrahlung, Neutronenaktivierung, gestreute Gammastrahlung, Röntgenfluoreszenzanalyse. Die großen Möglichkeiten der kernphysikalischen Methoden zur Analyse des Gehaltes bestimmter Elemente werden sowohl in ihrem physikalischen Prinzip als auch in ihrer technischen Durchbildung ausreichend detailliert geschildert, so daß der Leser die wesentlichen Bedingungen (und Grenzen) der Anwendbarkeit der Methoden erkennt. Hervorzuheben ist die an mehreren Stellen wiederkehrende Behandlung des Problems der Kalibrierung, bei der die gängigen Methoden objektiv dargelegt werden, ohne einseitige Vorurteile weiterzuverbreiten. Die Ausführungen schließen auch modernste Entwicklungen ein (z.B. die Verwendung von Cf als Neutronenquelle oder die Direktbestimmung von U aus Messungen der Spaltungsneutronen).

Damit wird dem gedachten Leserkreis eine zuverlässige Einführung in die Hand gegeben, die ihm nicht nur die Grundzüge der Methoden, sondern auch die praktische Handhabung vermittelt. Das Verständnis wird durch die zahlreichen Abbildungen erleichtert. Die Literatur wird in einer guten Auswahl genannt, wobei der Verfasser bewußt eine größere Zahl von sowjetischen Quellen anführt, „die dem gewöhnlichen Leser sonst nicht leicht zugänglich sind". Es fällt auf, daß nicht nur Literatur der letzten Jahre zitiert wird, sondern oft auch Arbeiten aus den fünfziger und sechziger Jahren, die von grundlegender Bedeutung sind. Sollte man dieses Vorgehen mißbilligen? Doch wohl nicht; denn auch in solchen Gebieten wie der Anwendung kernphysikalischer Methoden in der Bohrlochmessung, die sich von einem Lustrum zum anderen wesentlich entwickeln, gibt es klassische Arbeiten, die man nicht vergessen darf — das sind wir den früheren Generationen schuldig.

Offensichtlich hat *Wylie* das angegebene Ziel erreicht. Wer sich mit diesem Gegenstand zu befassen hat, wird das Buch als übersichtliche und zuverlässige Handreichung zu schätzen wissen. *K. H. Köhler*

Ingenieurgeologie für Bauingenieure

K. J. Klengel, O. Wagenbreth. 2., bearb. Aufl. Berlin: VEB Verlag für Bauwesen 1984. 216 S., 109 Abb., 63 Tab., 54 Lit.; geb. M 16,—

Diese überarbeitete Neuauflage der „Ingenieurgeologie für Bauingenieure" ist auf das entsprechende Lehrprogramm der Bausektionen an den Technischen Hochschulen und den Bauhochschulen der DDR abgestimmt, wie es im Impressum des Buches heißt; damit ist auch das Anliegen als Lehrbuch definiert. Die Autoren hoffen darüber hinaus, daß das Buch auch den Bauingenieuren der Praxis nützlich sei. Nach einer Standortbestimmung der Ingenieurgeologie im Bauwesen werden abgehandelt: „Geologische Grundlagen" (auf ca. 50 Seiten), mit einer Beschreibung der Gesteine und Gebirge, der geologischen Prozesse und der Morphologie sowie einem kurzen Überblick über die Erdgeschichte; „Allgemeine Ingenieurgeologie (Ingenieurgeologie des Baugrundes)" (auf ca. 90 Seiten), mit Aussagen zu Baugrundbeschaffenheit, zu Baugrundveränderungen infolge bautechnisch wirksamer geodynamischer Prozesse und zur Baugrunderkundung; „Spezielle Ingenieurgeologie" (auf ca. 30 Seiten), mit den verschiedensten Anwendungsgebieten, wie Territorialplanung, Umweltschutz, Wohnungsbau, Industrie-, Verkehrs-, Wasserbau u. a.; gesondert gehalten werden speziell die Aufgaben der Ingenieurgeologie im Festgebirge. Schließlich folgt ein Kapitel „Regionale Ingenieurgeologie" (mit ca. 20 Seiten), das den geologischen Stockwerksbau der DDR sowie Baugrundbereiche nach regionalgeologischen Einheiten beschreibt.

Isotopenmethoden werden am Rande erwähnt, spielen wohl auch in der Ingenieurgeologie eine untergeordnete

Rolle, obwohl sie als Tracer-Methoden für Dichtheitsprüfungen beispielsweise sehr gut verwendbar sind. Im Kapitel „Verfahren der Ingenieurgeophysik" wird die Baugrundradiometrie mit Dichtemessungen mit Hilfe von γ-Sonden und Wassergehaltsbestimmungen mit Hilfe der Neutronensonde in kurzer Übersicht dargestellt. Im Zusammenhang mit der Ermittlung von Grundwasserfließrichtungen und -geschwindigkeiten werden Tracer-Substanzen erwähnt, unter denen man auch künstliche Radionuklide verstehen kann.

Literatur- und Sachwörterverzeichnis beschließen das Buch, das bei ansprechender Aufmachung, übersichtlicher Darstellung, didaktisch guter Aufbereitung des Stoffes und einem auch Studenten angemessenen Preis ein handliches und empfehlenswertes Lehrbuch darstellt. Das Literaturverzeichnis enthält aktuelle und überwiegend leicht erreichbare Schriften. *H. Jordan*

Wissensspeicher Plasmatechnik

Autorenkollektiv (Federführung A. Rutscher) Leipzig: VEB Fachbuchverlag 1983. 432 S., 231 Abb., 51 Tab., 6 Tafeln, 420 Lit.; Ganzgewebe-Einband M 32.—

Einführung sind die physikalischen Grundlagen der Plasmatechnik (Charakteristik und Erzeugung des Plasmas) zusammengestellt. Den Hauptinhalt bilden die gegenwärtigen Anwendungen der Plasma- und Gasentladungsphysik (einschließlich einiger perspektivischer Gebiete wie z.B. Kernfusion) in folgenden Kapiteln: Plasma als Energiewandler, Plasma als elektrischer Leiter, Plasma als Strahlungsquelle, Plasma als Arbeitsmittel, Plasma als Stoffwandler, Plasma als Teilchenquelle, Plasma als Antriebsmittel. (Diese klare Gliederung setzt sich auf mehreren Ebenen fort und ist detailliert auch im Inhaltsverzeichnis ausgewiesen, das sich dadurch zum Aufsuchen eines Begriffes anbietet.) Es fehlen in diesem Band veraltete Techniken (Gasentladungsgleichrichter, Lichtbogensender u. a.) und solche Themen wie Schaltfunkenstrecken, Koronaverluste, Plasmazentrifugen, Zählrohre und Funkenkammern, Plasmarauschquellen und -diagnostik, bei denen auf (wenige) Literaturstellen verwiesen wird.

Das Ziel des Wissensspeichers, „in übersichtlicher Form die wichtigsten Plasmaanwendungen vorzustellen und ihre Besonderheiten sowie technischen Möglichkeiten an Hand von Beispielen zu erläutern", wurde sicherlich erreicht. Dazu tragen der konzentrierte Text, der Wechsel von Groß- und Kleindruck, die zahlreichen Abbildungen und Tabellen und noch eine Reihe weiterer Orientierungshilfen bei. Originalliteratur ist (vereinzelt) bis 1981 zitiert. Mögliche Verbesserungen für eine 2. Auflage sieht der Rezensent u. a. in einer Vereinheitlichung der Kapitel-Untergliederungen und der Symbolik sowie in einer Vervollständigung des Sachwortverzeichnisses. *K.-P. Dostal*

J. Robert Oppenheimer

H. Kant. Leipzig: BSB B. G. Teubner Verlagsges. 1985. 176 S., 26 Abb., 151 Lit. (Biogr. hervorrag. Nat. wiss. Techn. Med., Bd. 83); kart. M 8.80

Obwohl *Oppenheimer* als herausragende Forscher- und Lehrerpersönlichkeit Gewichtiges zum physikalischen Fortschritt beitrug, so assoziiert doch sein Name vor allem die Dramatik der 40er Jahre, in denen beim Bau der ersten Atombombe die ganze Ambivalenz der Naturwissenschaft auf katastrophale Weise zutage trat, verbunden mit persönlichen Konflikten exponierter Physiker, die sich im Spannungsfeld der Weltpolitik fast unvermittelt der Bürde globaler Verantwortung ausgesetzt sahen. Dieser physik- wie welthistorisch so bedeutsame Problemkreis, in Publikationen aus DDR-Verlagen bislang nur unzureichend abgedeckt, erfährt in der vorliegenden Biographie *Kants* eine — gemessen an der gebotenen Kürze — umfassende, objektive, informationsdichte, mit einer Fülle von Zitaten belegte flüssig geschriebene Darstellung. Die Kapitel lauten: Oppenheimer — seine Entwicklung vor dem Atombombenprojekt, Die Vorgeschichte der Atombombe (mit Kurzbiographien von *Szilard* und *Lawrence*), Oppenheimer in Los Alamos, Oppenheimer und die Atomenergiekommission, *Teller* und die Superbombe, Oppenheimer in Princeton, Epilog. Besonders sei auf das sehr reichhaltige Literaturverzeichnis hingewiesen, das nicht nur biographische und physikgeschichtliche Quellen, sondern auch solche des betrachteten Umfelds enthält. Ein augenfälliger Schönheitsfehler ist die schlechte Druckqualität der meisten Fotos. Das inhaltsreiche Bändchen vermittelt nicht nur dem an der Geschichte der Atombombe oder am „Fall Oppenheimer" Interessierten ein sicheres Fundament von Fakten, sondern es kann allen hilfreich sein beim Nachdenken über die seit *Oppenheimer* völlig neuartige Verantwortung des Wissenschaftslers und über die gegenwärtigen Probleme der nuklearen Aufrüstung. *K.-P. Dostal*

Assessment of Radioactive Contamination in Man 1984 Proc. of a Symposium, Paris, 19—32 November 1984

Vienna: IAEA 1985. 583 S., div. Abb. u. Tab. (Proc. Series, STI/PUB/674); kartoniert ÖS 1140,—

Nachweis und Bewertung von „inneren Strahlenbelastungen" gehören zu den aufwendigsten Aufgaben der Strahlenschutzkontrolle. Die vielen noch offenen Fragen zur praktischen Durchführung solcher Kontrollen resultieren aus der Notwendigkeit, kleinste Aktivitätskonzentrationen im menschlichen Körper zu ermitteln, aus der Unkenntnis der individuellen metabolischen Parameter und aus dem Zwang, den Aufwand zu optimieren. Der vorliegende Symposiumsband (vorangegangene Symposien fanden 1964 und 1971 statt) stellt diesen Fragen ein breites Spektrum von Erfahrungs- und Fortschrittsberichten gegenüber. 49 Beiträge aus 22 Ländern sind in 6 Kapiteln zusammengefaßt. Dabei nehmen die Arbeiten über Alpha-Strahler naturgemäß den größten Raum ein, treffen doch hohe Radiotoxizität und Probleme der Messung bei einigen dieser Nuklide mit einer umfangreichen industriellen Nutzung zusammen.

Eingangs wird das weltweit anerkannte Dosis-Risiko-Konzept der ICRP wiederholt, aber auch an seine prinzipiellen Grenzen erinnert: Reale individuelle Abweichungen vom Standard werden bei der Berechnung des Risikos nicht berücksichtigt. Präzisierungen sind hier möglich (bei erhöhtem Aufwand), wenn das Risiko für verschiedene Gruppen mit typischen Merkmalen (z.B. Alter, Geschlecht) gesondert ermittelt wird, oder wenn anstelle der deterministischen Betrachtungsweise (Mittelwert) eine stochastische (Werte-Verteilungen) genutzt würde. Bei der anschließenden Diskussion von Überwachungsschwellen wird vorgeschlagen, ein Monitoring des Individuums nur dann zu veranlassen, wenn die Belastung 30% des Grenzwertes übersteigen kann; unterhalb dieser Schwelle genügt die Kontrolle des Arbeitsplatzes.

Das Kapitel über direkte (*in vivo*-) Messungen beschäftigt sich mit verbesserten Ganzkörperzählern und Kalibrierungen. Die beschriebenen Verbesserungen betreffen vor allem die Meßempfindlichkeit, die spektrale Auflösung und die Bestimmung der räumlichen Aktivitätsverteilung auf einzelne Organe oder Bereiche. Unter dem zuletzt genannten Aspekt wird aus der Sowjetunion ein Multikanal-Kollimator vorgestellt. Andere Autoren setzten vier bis sechs Germanium-Halbleiterdetektoren ein. Das spektrale Auflösungsvermögen dieser Detektoren gestattet einen besseren Nachweis wichtiger Actiniden (^{238}Pu, ^{239}Pu, ^{241}Am, ^{238}U, ^{235}U) auch in Gegenwart energiereicher Gammastrahlung. Eine japanische Entwicklung besteht aus 20 NaI(Tl)-Detektoren in ringförmiger Anordnung. Mittels einer der Computer-Tomographie ähnlichen Technik wird die dreidimensionale Verteilung von inkorporierter Aktivität mit einer räumlichen Auflösung von ± 5 bis ± 8 cm erhalten. Dem Nachweis von Plutonium *in vivo* und *in vitro* ist ein eigenes Kapitel gewidmet. Für die *in vitro*-Messung an Urinproben werden Fortschritte bei Präparation, Messung und Interpretation berichtet. Kanadische Ergebnisse aus der Uranium-Industrie führen jedoch zu dem Schluß, daß die Messung von Luft- und Urinproben zwar für die Expositionskontrolle ausreichen, daß aber für eine individuelle Dosisberechnung eine direkte Thoraxmessung unabdingbar ist.

In den folgenden Arbeiten wird u. a. über praktische Erfahrungen bei der Messung von ^{137}Cs als Leitnuklid für Spaltproduktgemische, von Plutonium im Nasenschleim und von ^{60}Co in der Lunge berichtet. Es werden Berechnungsprogramme für Langzeitexpositionen, für die Belastungskontrolle des Personals, das an einem Leichtwasser-Reaktor arbeitet und für die Inhalation verschiedener Iod-Nuklide vorgestellt.

Insgesamt hält der vorliegende Band eine Fülle von Anregungen bereit, zumal jede Arbeit mit aktuellen Literaturhinweisen versehen ist. Seine Lektüre ist daher allen, die mit Inkorporationsmessungen befaßt sind, aber auch allen Großanwendern von radioaktivem Material nur zu empfehlen.

J. Schreiber

Technologie der Keramik

E. Krause, I. Berger, T. Plaul, W. Schulle, Berlin: VEB Verlag für Bauwesen 1984. Bd. 1, Mechanische Prozesse, 254 S., 172 Bilder, 59 Tab., 19 Beispiele, M 23.—

Das Gesamtwerk *Technologie der Keramik*, verlegt vom Verlag für Bauwesen und herausgegeben von den kompetenten Kombinaten der DDR: Bau- und Grobkeramik Halle/S., Feinkeramik Kahla, Fließen- und Sanitärkeramik Boizenburg, Keramische Werke Hermsdorf und Staatliche Porzellanmanufaktor Meißen, umfaßt 4 Bände und zwar im Band 1 Verfahren, Rohstoffe und Erzeugnisse, im Band 2 Mechanische Prozesse, im Band 3 Thermische Prozesse und im Band 4 den Gesamtprozeß. Inhaltlich werden im 2. Band im ersten Kapitel die Rohstoffgewinnung und -aufbereitung keramischer Massen einschließlich stofflicher und anlagentechnischer Grundlagen dargelegt, im zweiten Formgebungsvorgänge, im dritten die Oberflächengestaltung, soweit sie sich auf mechanische und nicht auf thermische Prozesse bezieht.

Das Werk trägt den Charakter eines Lehrbuches und ist didaktisch ausgezeigt gestaltet, angefangen bei der Innenseite des Einbandes über die technologischen Schemata und die Verzeichnisse der Formelzeichen im Buchdeckel, über die beigefügten Tabellen (z.B. gibt Tabelle 37 Modellbezeichnungen, Modelldarstellungen, Spannungs-Dehnungs-Diagramme und funktionelle Zusammenhänge rheologischer Modelle und Fließkurven) und die Schemata und fotographischen Abbildungen realer technologischer Anlagen aus den Kombinaten der DDR, bis zur klaren und straffen Gliederung, den Hervorhebungen und Zusammenfassungen. Übersichten zu Fehlerscheinungen und deren Verhinderung, wiederholte Hinweise auf den Leistungsbedarf der Anlagen in Abhängigkeit vom Durchsatz etc. verdeutlichen, daß die Autoren die Praxis kennen und dementsprechend die Technologie, die Anlagen und die Ökonomie der Prozesse bewerten.

Positiv ist die Verwendung physikalischer und chemischer Modelle, z.B. des Zeta-Potentials von elektrischen Doppelschichten, zur Erläuterung technologischer Prozesse. Eine Reihe explizit durchgerechneter Beispiele hilft bei der ingenieurmäßigen Anwendung der hier dargestellten Inhalte. Über 300, im wesentlichen allgemein zugänglicher Literaturstellen gestatten dem tiefer interessierten Leser ein erweitertes Studium der Sachverhalte. Das Buch kann wegen seiner didaktischen Aufbereitung als Lehrbuch Studierenden und Ingenieuren der Fachrichtung Keramik empfohlen werden, ist darüber hinaus auf Grund seiner Details und Daten sowie Beispiele durchaus als Nachschlagewerk für Spezialisten und hinsichtlich der Übertragung physikalischer und chemischer Modelle auf technologische Prozesse silikatischer Werkstoffe von Wert und Interesse.

H. Baumbach

Messen und Regeln in der Heizungs-, Lüftungs- und Sanitärtechnik

U. Dümmel, Berlin: VEB Verlag für Bauwesen 1983. 8., stark bearb. Auflage, 407 S., 363 Bilder, 29 Tab., M 27.—

Dieses anerkannte Lehr- und Fachbuch orientiert auf die typische Regelungstechnik im TGA-Bereich, weniger auf spezielle Aspekte der Automatisierungstechnik. Grundlage sind hier die Meßwerterfassung und -fortleitung zur Erfassung der Temperatur, der Wärmemenge, des Druckes, und von Mengen, des Niveaus, der Feuchte, mechanischer Wege, der Drehzahl und elektrischer Größen. Ausgehend von den Grundlagen der Regelungstechnik, den Arten der Regelung, der Hilfsenergie im Regelkreis, der Art der Regler und Stelleinrichtungen werden Regelungen der Heizungstechnik, der Lüftungs- und Klimatechnik behandelt. Gesonderte Abschnitte sind der Regelung gastechnischer Anlagen der Wassertechnik vorbehalten. Ausführungen zur Automatisation in TGA-Anlagen und zur Wirtschaftlichkeit einschließlich Instandhaltung ergänzen den Inhalt des Buches.

Ohne größere theoretische Abhandlungen werden knapp und präzise ingenieurmäßige Kenntnisse und Zusammenhänge dargestellt, mit zahlreichen Abbildungen verdeutlicht und reichem tabellarischem Material anwendungsfreundlich aufbereitet.

Der Gegenstand des Lehrbuches ist vom Standpunkt der Energieökonomie, der Einheit von Konstruktion und Ausrüstung von Gebäuden und kombinierter didaktischer Aufbereitung des Inhalts gleichermaßen wertvoll. Es wird daher Studierenden und Ingenieuren sowie Interessenten der Technischen Gebäudeausrüstung als Leitfaden und Handbuch empfohlen.

H. Baumbach

Silicat-Lexikon

Nichtmetallisch-anorganische Werkstoffe,
vorwiegend silicatische Minerale und Gesteine, Biographien
Herausgegeben von Wilhelm Hinz

1985. 942 Seiten — 17 × 24 cm — Leinen DDR 150,— M; Ausland 150,— DM
Bestell-Nr. 752 512 0
Bestellwort: Hinz, Silicat-Lexikon 6458

Eine Enzyklopädie der Silicate im weitesten Sinne! Sie enthält sowohl die Werkstoffe Glas, Keramik, Glasuren, Bindebaustoffe als auch ihre Grundlagen, ferner silicatische Mineralien und Gesteine, Untersuchungsmethoden sowie Biographien von Silicatwissenschaftlern aus aller Welt. Das Buch ist ein unentbehrliches Nachschlagewerk. Als Anhang des zweibändigen Werkes sind die enthaltenen Begriffe in deutsch, englisch, russisch und französisch aufgeführt.

Interessentenkreis: Naturwissenschaftler, Ingenieure, Techniker

Bestellungen richten Sie bitte an eine Buchhandlung

AKADEMIE VERLAG BERLIN
Deutsche Demokratische Republik
1946-1986
DDR-1086 Berlin, Leipziger Straße 3-4 · Postfach 1233

ISOTOPENPRAXIS

Band 22 1986 Heft 6

Contents / Inhalt

►Language of Publication ►Publikationssprache

Isotopenpraxis is indexed in Current Contents/PC & ES, Science Citation Index, and INIS Atomindex